"十四五"职业教育国家规划教材

中等职业教育计算机专业系列教材

Premiere

YINGSHI JIANJI ANLI JIAOCHENG

Premiere
影视剪辑案例教程

（第2版）

■ 主 编 江媛媛 吴万明

■ 副主编 刘富文 欧阳曦

■ 参 编 冉琼 王一血

U0190529

重庆大学出版社

内容提要

Premiere Pro CC 是一款性能优异的视频制作与编辑工具软件，它可以自定义非线性的编辑器，也可以精准地编辑视频。本书以 Premiere Pro CC 中文版为平台，以实例教学为主线，详细介绍了用该软件进行数字视频剪辑的流程及方法。全书分为 7 个模块：初识 Premiere Pro CC、管理与编辑素材、影视创作基础知识、字幕的处理与应用、动画特效的制作、视频特效的处理与应用、音乐编辑合成。

本书可作为职业院校数字媒体专业影视方向的专业教材，同时也可作为 Premiere Pro CC 爱好者的参考书。

图书在版编目（CIP）数据

Premiere影视剪辑案例教程 / 江媛媛, 吴万明主编
. -- 2版. -- 重庆：重庆大学出版社, 2023.1（2024.1重印）
中等职业教育数字媒体专业系列教材
ISBN 978-7-5689-1854-1

Ⅰ. ①P… Ⅱ. ①江… ②吴… Ⅲ. ①视频编辑软件—
中等专业学校—教材 Ⅳ. ①TP317.53

中国版本图书馆CIP数据核字（2021）第202866号

中等职业教育计算机专业系列教材

Premiere 影视剪辑案例教程
（第2版）

主　编　江媛媛　吴万明
副主编　刘富文　欧阳曦
策划编辑：王海琼
责任编辑：王海琼　　版式设计：王海琼
责任校对：刘志刚　　责任印制：赵　晟
*
重庆大学出版社出版发行
出版人：陈晓阳
社址：重庆市沙坪坝区大学城西路21号
邮编：401331
电话：（023）88617190　88617185（中小学）
传真：（023）88617186　88617166
网址：http://www.cqup.com.cn
邮箱：fxk@cqup.com.cn（营销中心）
全国新华书店经销
印刷：重庆巍承印务有限公司
*
开本：787mm×1092mm　1/16　印张：12　字数：278千
2019年11月第1版　2021年12月第2版　2024年1月第5次印刷
ISBN 978-7-5689-1854-1　定价：49.00元

QIANYAN

前言

　　全民进入短视频的时代，观看短视频已成为大部分人日常生活中的一部分，2020年各短视频平台累计超过7亿用户，2021年预计突破8亿大关。随着各种数码产品的普及，越来越多的人开始自己拍摄影像，使用剪辑软件进行后期处理，尝试制作富有个性的短视频。

　　市面上的视频剪辑软件如雨后春笋般出现。本书以始终保持高效的创意流程，支持任何相机、任何格式、任何平台，并随时随地扩展编辑平台，有优秀的协作性和强大的智能工具，适用于电影、电视和网络的视频编辑软件Premiere Pro CC中文版为平台，以实例教学为主线，讲述如何将素材打造成为精美的影片和视频，并制作成引人入胜的故事的影视剪辑方法。本书采用"任务驱动、案例教学"的形式编写。按知识点将内容分为多个模块，在每个模块下设置若干学习任务。学习者通过对各个任务的学习和掌握来构建知识体系，培养影视剪辑人员的相关素养和影视后期剪辑制作的相关技能。本书结构清晰、内容详尽、范例典型，从视频制作的范畴出发，介绍了影视剪辑的基础理论及Premiere Pro CC软件的各种操作技巧。

　　本书特点如下：

　　（1）融合思政，德技并修

　　本书在编写过程中，深入挖掘知识点中的思想政治元素，以影视后期剪辑师的岗位职责为依据，将培育与践行社会主义核心价值观，养成法治意识与职业道德，传播优秀商业文化与传统文化等融入教材，在传授知识的同时培养学生正确的价值观，使其在潜移默化中接受思政教育，增强其综合素质。

　　（2）立足职教，应用性强

　　本书编写团队既有来自重庆、深圳、青岛、上海等地区的5所职业学校拥有多年丰富教学经验的一线老师，还有多年从事影视制作行业的资深技术专家，成员的多样性保证了本书视角多维度、多层次。编写团队既有全国教学能力大赛一等奖获得者，也有全国职业技能大赛一等奖指导老师，在编写过程中融入教师教学能力和"岗课赛证"融通等理念，符合当前企业对人才的综合素质要求。本书以影视制作流程为主线，把知识模块化，每个模块在内容安排上由浅入深，循序渐进。模块中各个任务不仅涉及软件的功能，还针对应用中的各种实际需要，介绍了一些最常用的技巧，使读者在实战中掌握技能，实现"学中做，做中学"。本书可作为职业院校影视剪辑课程的专业教材，同时也可作为Premiere Pro CC爱好者的参考书。

（3）富媒体形态，交互性强

本书采用"纸质图书+富媒体"的编写方式。纸质图书以经典的、必备知识为主的案例操作为主线，为读者提供每个案例的原始素材、最终效果图以及教学视频；富媒体提供丰富的动画、影像等影视鉴赏素材，持续地、经常地更新案例操作、大赛经验分享以及用户交互体验，让读者领略各类影视作品的魅力，开阔视野。

本书由江媛媛、吴万明担任主编并负责全书的统稿、定稿等工作。全书共分为七个模块，其中模块一由吴万明编写；模块二由江媛媛编写；模块三由刘富文编写；模块四由江媛媛编写；模块五由王一血编写；模块六由欧阳曦、冉琼编写；模块七由欧阳曦编写。在教材的编写过程中，编者能紧扣该专业的人才培养方案、岗位能力需求，把爱国情怀、文化自信、拼搏精神、精益求精的工匠精神，团队协作、诚实守信的职业操守融入教材中，但因影视制作涉及的内容具有较强的时效性，加之作者水平有限，书中难免有疏漏之处，敬请广大读者批评指正，以使本书更加完善。

编　者

MULU
目录

模块一
初识Premiere Pro CC

模块综述

  影视世界奇妙无穷，影视媒体已经成为当前最为大众化、最具影响力的媒体形式。影视作品成为人民群众对美好生活向往的精神层面追求的一个重要载体，从国内外大片所创造的幻想世界，到电视新闻所关注的现实生活，到铺天盖地的电视广告，再到抖音等视频平台的风靡，无一不深刻地影响着人们的生活。

学习完本模块后，你将能够：

✱ 了解视频产生的原理，见证人眼的神奇之处。

✱ 掌握视频的分类。

✱ 掌握电视制式的分类。

✱ 熟悉各国常用电视制式。

✱ 熟悉Premiere Pro CC的操作界面。

✱ 认识影视节目制作的基本流程，揭开影视制作的面纱。

任务一

NO.1

认识视频

◆ 任务概述

随着5G+时代的到来，智能手机进入千家万户。智能手机带来了丰富的影视体验，同时也加大了对影视后期制作剪辑的需求。中国有句古话："知其然，更知其所以然！"为了制作出更多好的影视作品，需要了解视频的相关理论知识。

活动一

注视图1-1中心的4个黑点（不是看整个图片），持续15~30 s后，迅速看四周白色的墙，看的同时快速地眨几下眼睛。

说说眨眼睛时你看到了什么。

图 1-1　视觉残留头像

知识窗

"走马灯"是中国历史记载中最早对视觉暂留的运用。将画着一连串具有连续动作小人的纸，糊在可以旋转的灯罩上，当灯罩快速旋转时就产生了画上的小人在连续做动作的景象。宋代的这种"走马灯"，又称"马骑灯"。随后法国人保罗·罗盖在1828年发明了留影盘，它是一个被绳子从两面穿过的圆盘，盘的一个面画了一只鸟，另一面画了一个空笼子；当圆盘旋转时，鸟在笼子里出现了。这证明了当眼睛分别快速看到不同的图像时，在极短的时间内视觉感受的最后结果是不同图像的叠合。

一、视频概念

当人眼所看到的影像消失后，人眼仍能继续保留其影像0.1~0.4 s，这种现象被称为视觉暂留现象，是人眼具有的一种生理特性。

活动二

（1）按提示观看图1-2，说说"视觉暂留"在你看到的现象中起了怎样的作用。数数图中有几个黑点？

（2）在图片浏览器中快速浏览"模块一"/"任务一"中提供的图1-3，观察得到的效果，是否会出现动起来的效果？试着分析视频与图像有什么关系。

图 1-2　视觉残留网格

图 1-3 动画片中间帧

综上所述，视频是由一系列连贯的静止图像组成的。每秒钟播放10幅及以上连贯的静止图像，由于人眼的视觉暂留原理，人眼无法辨别单幅静止图像时，就产生了平滑而连续的视觉效果，这样连续的画面叫作视频。

二、视频分类及相关术语

1.视频分类

视频根据信号存储的形式划分为模拟视频、数字视频。

●模拟视频：指由连续的模拟信号组成的视频图像，是一种用于传输图像和声音都随时间连续变化的电信号，它的存储介质是磁带或录像带。在编辑和转录的过程中画面质量会降低。磁带如图1-4所示。

图 1-4 磁带

●数字视频：以数字形式记录的视频，是把模拟信号转换为数字信号，它描绘的是图像中的单个像素，可以直接存储在计算机磁盘中。数字视频在编辑过程中能够最大限度地保证画面的质量，没有损失。计算机中使用的是数字视频。

2.相关术语

●伴音：和视频图像同步的声音信号。

●模拟信号：指用连续变化的物理量表示的信息，其信号的幅度或频率随时间作连续变化或在一段连续的时间间隔内，其代表信息的特征量可以在任意瞬间呈现为任意数值的信号，如图1-5（a）所示。

●数字信号：模拟信号经过采样和量化后获得的信号，其信号波形是沿时间轴方向离散（即不连续，分离或分散）的，在信号幅度方向也是离散的。计算机中的数字信号就是连续信号经过采样和量化后得到的离散信号，如图1-5（b）所示。

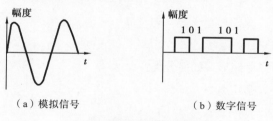

（a）模拟信号　　　　　　　　（b）数字信号

图 1-5 模拟信号和数字信号

●帧：一帧是视频的最小单位，即一张图片。

●帧率：每秒钟显示的帧数，单位为"每秒显示帧数"（fps）。

●场：是视频的一个扫描过程，有逐行扫描和隔行扫描两类。

●逐行扫描：一帧就是一个垂直扫描场，电子束在屏幕上一行接一行地扫描一遍，就得到一幅完整的图像。

●隔行扫描：这是电视系统在传播、还原图像时采用的一种技术，即先扫描一幅图像的偶数行，再扫描奇数行，进而合成为一幅完整的图像。

●电视制式：是用来实现电视图像信号、伴音信号或其他信号传输的方法，电视图像的显示格式，以及这种方法和电视图像显示格式所采用的技术标准。制式的区分主要在于其帧率的不同、分解率的不同、信号带宽以及载频的不同、色彩空间的转换关系不同。其涉及的知识点繁多，本任务只对图像播放的帧率进行区分。目前，应用最为广泛的彩色电视制式主要有以下3种类型，见表1-1。

表1-1　电视制式

制　式	使用国家及地区	帧率／fps
NTSC 制（正交平衡调幅制）	美国、日本、韩国、中国台湾地区等	29.97（约等于 30）
PAL 制（逐行倒相）	中国、新加坡、澳大利亚、新西兰、英国等	25
SECAM 制（顺序传送彩色与存储）	法国、蒙古、俄罗斯等	25
电影		24

●标清：指物理分辨率在720P以下的视频格式。720P指视频的垂直分辨率为720线逐行扫描。我国采用的电视标清信号为720×576，视频宽纵比为4∶3。

●高清：指物理分辨率在720P以上的视频格式，简称HDTV。我国采用的电视高清信号为1 920×1 080，视频宽纵比为16∶9。

●流媒体：数据在网络上按时间先后次序传输和播放的连续音/视频数据流。

练习与思考：

（1）简述视频的原理。

（2）视频根据信号存储形式如何分类？

（3）电视制式分为哪几类？

任务二

认识Premiere Pro CC

认识 Premiere
界面

◆ 任务概述

　　影视后期制作经历了线性编辑、非线性编辑两个阶段。线性编辑虽然已经退出影视后期制作的舞台。学习线性编辑与非线性编辑的区别与联系，了解线性编辑的操作复杂与效果的单调，学习线性编辑软件Premiere Pro CC操作的便捷与效果的丰富性，你将会珍惜科技的进步对世界带来的改变。

　　活动一

　　观看视频，了解线性编辑的组成。

一、线性编辑

　　线性编辑是一种需要按时间顺序从头至尾进行编辑的节目制作方式。在线性编辑中，数据是线性存储的。如果在磁带电子编辑系统中，当编辑完A画面想要编辑B画面时，那么需要快进或快退，在找到B画面后才能进行编辑。所以一般把基于磁带的电子编辑系统称为线性编辑。

　　一个典型的线性编辑系统由一台或两台放像机、一台录像机、两台或两台以上监视器和一个编辑控制器组合而成。分别介绍如下：

　　●放像机：用来播放未经剪辑的节目素材带，受录像机或者编辑控制器控制。

　　●录像机：能够精确录制经过打点编辑后的视频和音频内容，可以控制放像机或受编辑控制器控制。

　　●监视器：用来监看、监听放像机和录像机的视音频信号。

　　●编辑控制器：可以同时控制放像机和录像机的编辑过程和编辑模式，在同步信息的引导下，两台机器同时开始，以保证磁带速度平稳后精确地同时到达编辑点。

　　如果系统中录像机和放像机均带有编辑功能，那么放像机、录像机和两台监视器就可以组成一个简单的线性编辑系统，如图1-6所示。

二、非线性编辑

　　非线性编辑的视、音频素材储存在计算机的磁盘中，对素材的调用是随机、快速的，也就是说在时间上为非线性关系，为了与传统线性编辑区别，一般称基于磁盘的计算机编辑为非线性编辑。

　　活动二

　　根据下面两幅流程图分析线性编辑（见图1-6）与非线性编辑（见图1-7）的区别。

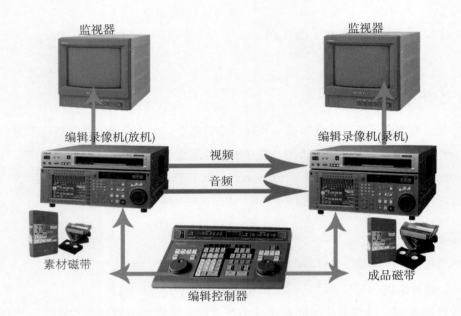

图 1-6　线性编辑

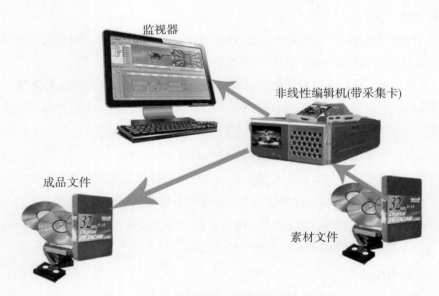

图 1-7　非线性编辑

友情提示

线性编辑时必须按顺序寻找所需要的视频画面，不可随意修改。当需要插入新的素材或者改变某个素材的长度等操作时，修改节点后面的整个内容就需要重新来做，反复、随意地编辑会影响画面的质量。

非线性编辑可随时随地、反复地对数字信号进行编辑处理而不影响质量。

三、认识Adobe Premiere Pro CC

非线性编辑系统功能集成度高，设备小型化。目前市面上已有较多的非线性编辑软件。下面将对Adobe Premiere Pro CC进行学习。

1.Adobe Premiere Pro CC的启动

安装完Adobe Premiere Pro CC后，通过"开始"→"程序"→"Adobe Premiere Pro CC"启动Adobe Premiere Pro CC，界面如图1-8所示。

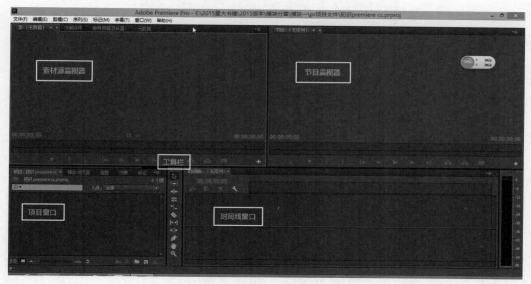

图 1-8　Adobe Premiere Pro CC 界面

2.Adobe Premiere Pro CC的界面

对于初学者来说，Adobe Premiere Pro CC工作界面看起来比较复杂，其实布局很有规律。

●项目：是素材文件的管理器，将所需的素材导入其中，并进行管理操作。素材导入项目窗口后，会显示素材的相关信息，如图1-9～图1-11所示。

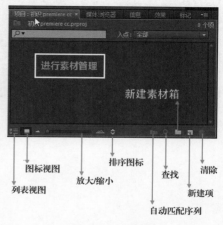

图 1-9　项目界面

图 1-10　项目素材相关信息

●媒体浏览器：紧挨着项目窗口，可以直接拖动素材到时间线窗口中添加素材。

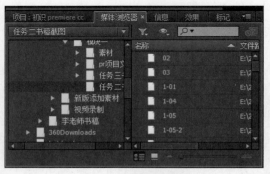

图 1-11　媒体浏览器

●素材源监视器：可以用来播放与预览素材效果，也可以进行基本的编辑操作，如图1-12、图1-13所示。

图 1-12　无素材的素材源监视器

图 1-13　有素材的素材源监视器

知识窗

在"素材源监视器"中查看素材的方法如下:

①在"项目"窗口中双击想要监视的素材,即可在"素材源监视器"中打开。

②在"项目"窗口中,可以在想要监视的素材上单击鼠标右键,在弹出的快捷菜单中选择"在素材原监视器打开"命令,也可以在"素材源监视器"中打开。

●节目监视器:可以用来播放与预览编辑后的节目效果,也可以进行基本的编辑操作。"节目监视器"与"素材源监视器"相呼应,在"素材源监视器"中监看原素材效果,在"节目监视器"中监看节目成品效果,从而与节目成品进行对比分析,方便制作人员进行创作。在"节目监视器"中查看素材的方法:将"项目"窗口中的素材拖动到时间线上,"节目监视器"会出现当前素材的画面,如图1-14所示。

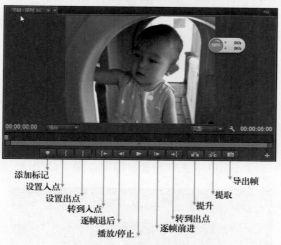

图 1-14 节目监视器

●时间线:是装配素材片段与编辑节目的主要场所,素材片段按照时间的先后顺序以及合成的先后顺序在时间线上从左至右、从上到下进行排列,如图1-15所示。

图 1-15　时间线

●工具：包含各种在时间线窗口中进行编辑的工具。一旦选中某个工具，鼠标在时间线窗口中就会显示此工具的外形，并具有相应的编辑功能，如图1-16所示。

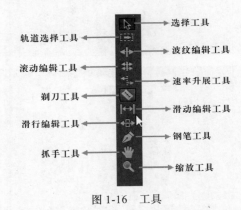

图 1-16　工具

●效果：主要是为时间线窗口中选中的素材添加效果，如图1-17所示。

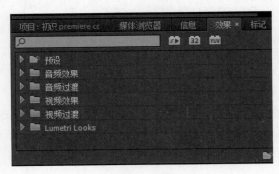

图 1-17　效果

●效果控件：在时间线窗口中，选中素材片段所采用的一系列特效，方便对各种特效进行设置与调整，以达到更好的效果，如图1-18所示。

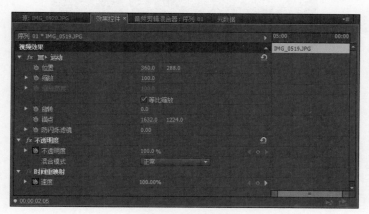

图1-18 效果控件

●音频剪辑混合器：对音频进行相关调整，界面如图1-19所示。

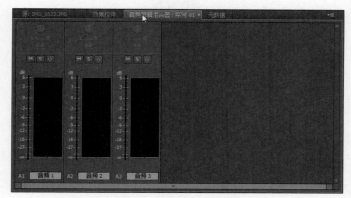

图1-19 音频剪辑混合器

●元数据：是项目文件中素材文件的一组说明性信息。视频和音频文件包括基本元数据属性，如日期、持续时间和文件类型，也添加详细信息，如地点、导演、版权等属性，如图1-20所示。

图1-20 元数据

●信息：显示选中素材的基本信息，如图1-21所示。

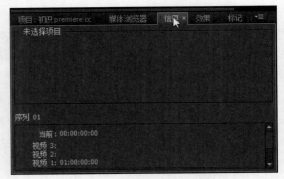

图 1-21 信 息

●主音频计量器：用于制作节目中对音量的计量，如图1-22所示。

图 1-22 主音频计量器

练习与思考：

熟悉Adobe Premiere Pro CC界面及每一个窗口。

任务三 NO.3

认识影视节目制作的基本流程

认识影视节目
制作的基本
流程

◆ 任务概述

影视节目的制作可以分为前期拍摄和后期制作两个方面。前期拍摄就是使用各种专业的摄像机配合摇臂、轨道、灯光等辅助设备根据脚本拍摄出精美画面；后期制作就是用3d max、After Effects等软件制作片头动画，再使用Premiere Pro CC等软件进行剪辑、配音、配乐、加字幕、转场和特效，从而使影片达到预期的效果。

活动一 观看最终效果

观看本任务的最终效果（见图1-23、图1-24），请讨论本任务的操作要点。

图 1-23 最终效果 1

图 1-24 最终效果 2

活动二 根据操作步骤完成本任务案例

一、新建项目文件，进行参数设置

（1）启动Adobe Premiere Pro CC软件，弹出如图1-25所示的对话框。

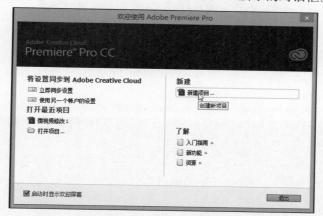

图 1-25 启动 Adobe Premiere Pro CC 软件

（2）单击"新建项目"按钮，弹出"新建项目"对话框，如图1-26所示。

图 1-26 "新建项目"对话框

（3）在"新建项目"对话框中进行以下设置：将当前项目命名为"影视节目制作流程"，位置即当前项目文件的保存目录，自行设置好。其他选项的参数保持默认值，不做修改，如图1-27所示。

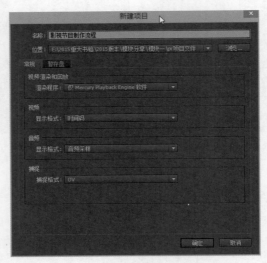

图 1-27　"新建项目"对话框设置

（4）单击"确定"按钮，进入Adobe Premiere Pro CC主界面，如图1-28所示。

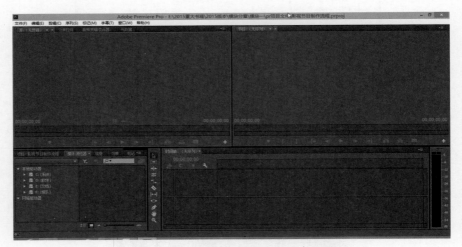

图 1-28　Adobe Premiere Pro CC 主界面

（5）观察时间轴窗口，无序列。这里先新建时间线序列。选择"文件"→"新建"→"序列"命令，在弹出的对话框中选择"DV PAL"→"标准48 kHz"，单击"确定"按钮，如图1-29、图1-30所示。

（6）此时再观察Adobe Premiere Pro CC界面，你会发现细微变化，如图1-31所示。

图 1-29 新建时间线序列

图 1-30 选择 "DV PAL" 模式

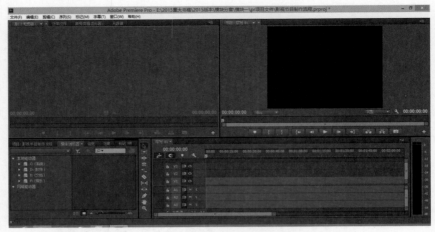

图 1-31　设置完成效果

二、剪辑素材

对素材进行剪辑、配音、配乐、加字幕、转场和加特效，这是一个复杂的过程。一般的影视节目制作中会耗费很多时间，这里只对流程做一个简单的介绍。

（1）单击"文件"→"导入"命令，在弹出的对话框中选择需要导入的文件，单击"打开"按钮，导入文件，如图1-32、图1-33所示。

图 1-32　选择需要导入的文件

图 1-33　导入文件

知识窗

（1）导入素材还有以下3种方法：

● 双击"项目窗口"空白处。

● 右击"项目窗口"空白处，选择快捷菜单中的"导入"命令。

● 使用快捷键Ctrl+I。

（2）一次导入多个素材：导入素材时，在弹出的对话框中按住Ctrl键可以选择多个素材。

（2）在"模块一"/"任务三"中选择素材"花开01．avi"并拖动至"序列01"中的V1轨道，这时窗口中会弹出一个对话框，提示导入的视频素材的参数与当前序列01的参数不相同，一般选择"保持现有设置"按钮，如图1-34所示。

图1-34　选择"保持现有设置"按钮

（3）这时在节目监视器中就可以看到"花开01.avi"在当前项目中的效果，如图1-35所示。

图1-35　节目监视器的效果

（4）依次选择"花开02.avi""花开03.avi""花开04.avi"3个视频文件，拖动至时间线中的V1轨道中；将"1-3片头字幕"拖动至时间线中的V2轨道中；将"01.wav"拖动到A1轨道中，如图1-36所示。

图 1-36　将素材拖入轨道

（5）时间伸缩线：修改时间线窗口素材的显示比例。

从图1-36可以看出，在时间线上的素材看起来很短，不利于后面的操作，这里需要放大素材在时间线上的显示比例，如图1-37所示。

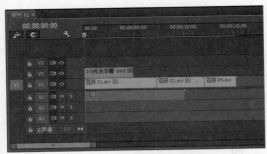

图 1-37　素材的显示比例

知识窗

改变素材在时间线上的显示比例的方法如下：

（1）在时间线窗口的下方有一个滑动条。拖动它两头深灰色部分可以改变时间线上素材的显示比例，像放大镜一样来放大或缩小素材。这个操作不会更改素材在时间线上持续的时间，只是更改了其显示的比例。拖动它中间浅灰色部分可调整时间线的位置，如图 1-38 所示。

（2）工具栏的"缩放工具"也可以修改时间线窗口中素材的显示比例。

选中"缩放工具"，直接单击轨道可以放大时间轴的显示比例；选中"缩放工具"后，按"Alt"键，单击轨道可以缩小时间轴的显示比例，如图1-39所示。

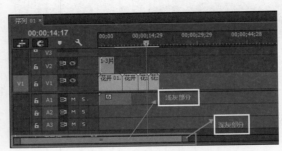

图 1-38　滑动条缩放

图 1-39　"缩放工具"

（6）设置素材显示方式。

为了方便编辑，时间轴上素材的显示也可根据需要自行调整。时间轴上"时间轴显示设置"按钮 里有各种选项，用来设置时间轴的显示，如图1-40所示。

图 1-40　时间轴显示设置

调整某一个轨道的宽度:把鼠标放在需要调整宽度的轨道名称（比如V1）上，滚动滚轮，可以根据需要放大或者缩小轨道宽度，如图1-41所示。

图 1-41　调整轨道宽度

（7）修改视频尺寸。

从步骤（3）的图中可以看出当前视频素材的尺寸较小，不能在监视器中满屏显示，需要将其放大到与节目监视器大小一致，如图1-42所示。

图 1-42　修改视频尺寸效果

知识窗

调整视频大小的方法：

（1）在序列01中右击"花开01．avi"，在弹出的快捷菜单中选择"缩放为帧大小"命令，将视频设置为节目监视器大小，如图1-43所示。

图 1-43　将视频设置为节目监视器大小

（2）在"效果控件"面板下展开"运动"选项，在缩放选项中修改参数，如图1-44所示。

图 1-44　修改缩放选项参数

修改完"花开01．avi"的画面显示尺寸后，对其他3段视频也做同样的修改，使其满屏显示。

（8）保持视频长度与音频长度一致。

观察视频长度比音频长度要长，如图1-45所示。

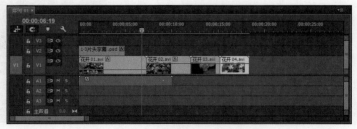

图 1-45　视频长度大于音频长度

再添加一段音乐,这时音频长度比视频长度要长,如图1-46所示。

图1-46 音频长度大于视频长度

移动鼠标至音频末端,鼠标改变形状后向左拖动鼠标,直到音频长度与视频长度一致,如图1-47、图1-48所示。

图1-47 向左拖动鼠标

图1-48 拖动效果

(9)按空格键或Enter键,在节目监视器中预览最终效果,如图1-49所示。

图1-49 预览最终效果

练习与思考：

用空格键预览与用Enter键预览有什么区别?

三、输出成品，制作成VCD或者DVD光盘

（1）选择菜单"文件"→"导出"→"媒体"命令，设置输出文件名称，单击"保存"按钮，就可以输出编辑好的视频文件了，如图1-50所示。

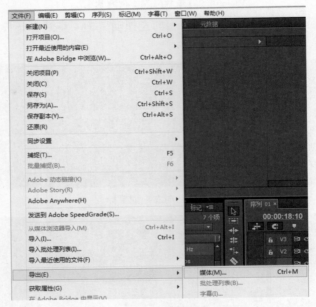

图 1-50　输出设置

（2）打开对话框，可以看到本任务相关参数的设置，如图1-51所示。

图 1-51　本任务相关参数

知识窗

（1）设置导出视频格式，Premiere Pro CC提供了很多种格式供用户选择，如图1-52所示。

图 1-52 设置导出视频格式

（2）查看当前项目中视频的输出参数、源视频参数。

（3）设置导出文件的时间长度，两个白色的三角形按钮用来控制输出的入点与出点，如图1-53所示。

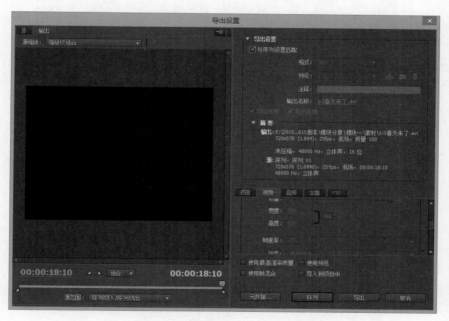

图 1-53 设置导出文件的时间长度

（4）确认"导出"按钮。

（3）勾选"与序列设置匹配"，设置输出名称及位置，单击"导出"按钮，系统自动编码，如图1-54所示。如果单击队列按钮，调出渲染器，渲染输出，如图1-55所示。

图 1-54　导出过程

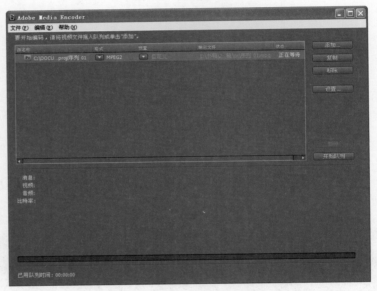

图 1-55　渲染输出过程

（4）在"格式"选项下，可以选择很多输出的格式，这里选择"MPEG-2"，如图1-56所示。

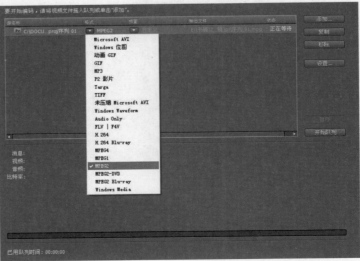

图 1-56　选择输出格式

（5）单击"输出文件"选项，可以为输出的文件更改名字，并选择保存位置，如图1-57所示。

图 1-57 "输出文件"选项

（6）设置好后，单击开始队列命令，开始渲染作品，如图1-58所示。

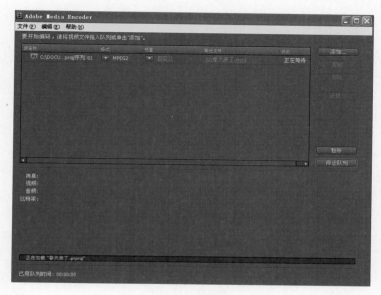

图 1-58 开始渲染

（7）渲染完成后，效果如图1-59所示。

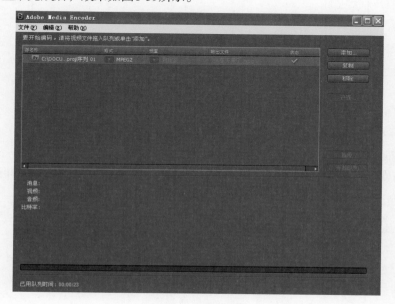

图 1-59 渲染完成

四、刻录光盘制作DVD

要录制DVD光盘，需要计算机配置有DVD刻录光驱、DVD空白光盘和安装有刻录软件。下面以Nero这款刻录软件来介绍刻录DVD光盘的步骤。

（1）启动Nero软件，如图1-60所示。

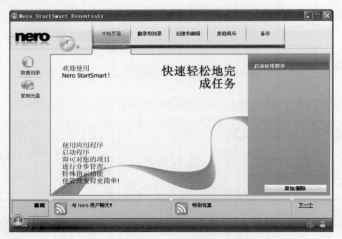

图 1-60　启动 Nero 软件

（2）单击"数据刻录"按钮，进入数据刻录界面，如图1-61所示。

图 1-61　进入数据刻录界面

（3）单击"添加"按钮，添加需要刻录的视频"春天来了.mpg"，如图1-62所示。

图 1-62　添加需要刻录的视频

（4）添加好视频后，在DVD刻录光驱中放入DVD光盘，单击"刻录"按钮，开始刻录，如图1-63所示。

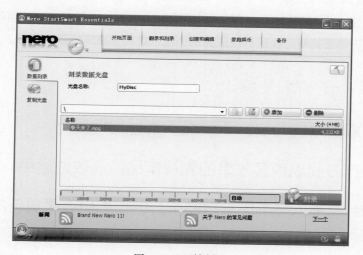

图 1-63　开始刻录

（5）当刻录光驱中的光盘自动弹出，则表明DVD光盘制作好了。

练习与思考：

（1）从计算机里导入几种不同格式（如Windows Media、JPEG等）的素材通过Adobe Premiere Pro CC界面，重复以上介绍的几种操作。

（2）根据提供的素材制作"春天来了"。

（3）把做好的成品刻录成DVD光盘。

模块二
管理与编辑素材

模块综述

　　随着数字技术全面进入影视制作过程，个人计算机性能的显著提高和价格的不断降低，以前影视制作中的专业硬件设备逐渐被个人计算机硬件兼容，原先的各种专业软件也移植到个人计算机平台上，现在，影视制作在个人计算机上便可以完成。同时，影视制作也从专门的影视作品制作扩大到计算机游戏、多媒体、网络应用、家庭娱乐等更为广阔的领域。在人人都可以制作自己的影视节目的今天，如何有效利用自己手中的技术，为社会创造更多正能量的作品，也成为每个技术者应该修炼的基本素养。

学习完本模块后，你将能够：

✛　精通获取素材的方法，不受限于素材的格式。

✛　熟练制作时间线嵌套效果的影视作品，高效地运用软件。

✛　掌握晚会直播的多画面剪辑制作，创作剪辑效果更佳的作品。

任务一

NO.1

获取素材

◆ 任务概述

　　在影视作品的制作中，素材的合理使用非常重要。前期拍摄的各种素材视频，准备的各种音乐、音效、录音等素材都需要导入Premiere Pro CC进行有效地整合、处理。素材管理得当，会让后期的编辑更加快捷和方便，所以在Premiere Pro CC导入素材、管理素材是特别重要的工作。本任务通过案例全面地介绍如何捕捉素材、导入素材以及管理素材，进而培养制作人员的耐心、细心以及灵活处理问题的能力。

捕捉素材

　　活动一

　　观察下面的视频录制设备——磁带式DV、磁盘式DV、智能手机的区别，如图2-1～图2-3所示。

图 2-1　磁带式 DV

图 2-2　磁盘式 DV

图 2-3　智能手机

知识窗

　　智能手机已经成为大众喜闻乐见的拍摄设备。手机上拍摄的视频只需要使用手机数据线即可轻松导入计算机中，进行后期剪辑。
　　市面上的数字DV设备很多，但是归根结底有两大类。一类是利用磁带进行拍摄，另一类是利用磁盘进行拍摄。

如果是利用磁盘进行拍摄，直接用摄像机自带的数据线就可以把拍摄的视频素材导出到计算机的硬盘上。

如果是利用磁带进行拍摄，直接用摄像机是没有办法把拍摄的视频素材导出到计算机硬盘上的。这时就需要借助其他设备和软件。目前普通家用计算机通过1394接口与DV机连接，使用Adobe Premiere Pro CC来进行捕捉，如图2-4（采集卡）、图2-5（连接线）所示。

图 2-4　采集卡　　　　　　　　　　　　　　　图 2-5　连接线

活动二

下面以捕捉卡连接计算机和DV机的方式为例，介绍捕捉操作过程。

（1）新建项目文件。

（2）启动DV机，通过捕捉数据线连接到计算机的采集卡上。

（3）按F5键或者选择"文件"→"捕捉"命令，打开"捕捉"窗口，如图2-6所示。

图 2-6　打开"捕捉"窗口

（4）在"记录"面板中的"捕捉"项后分别有"音频和视频""音频"和"视频"3个选项，选择需要的方式，如图2-7所示。

图 2-7　选择捕捉方式

（5）在"捕捉位置"选项区内，将视频和音频的存放类型选择为"与项目相同"，这样捕捉完成后，在项目文件中就可以发现捕捉的素材片段，如图2-8所示。

图 2-8　选择为"与项目相同"

（6）单击"选项"按钮，在弹出的对话框中对要求捕捉素材的制式进行调节，素材的制式要根据捕捉素材的制式来设置，捕捉素材是NTSC就要选择NTSC，如果是PAL就选择 PAL，如图2-9、图2-10所示。

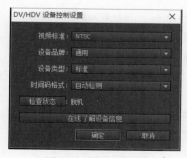

图 2-9　NTSC 制式

图 2-10　PAL 制式

（7）在"捕捉"对话框中的"设置"选项卡下，单击"编辑"按钮，弹出"捕捉设置"对话框，根据实际情况选择"捕捉格式"，如图2-11所示。

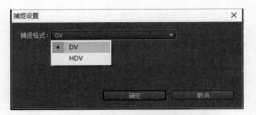

图 2-11　选择"捕捉格式"

（8）在"采集"对话框中的命令设置完毕后，就可以开始采集了。调整DV机中磁带，转到所要采集的位置，单击"采集"对话框中的"录制"按钮，到素材结束时再次单击该按钮即可。最终采集的素材会自动保存到事先设定好的硬盘位置。

（9）目前的数字摄录设备通常使用存储卡，通过读卡器将拍摄内容导入计算机中。

活动三

观看图2-12所示的各种素材，讨论分别代表什么类型的素材。

图 2-12　各种类型的素材

知识窗

　　图标代表素材为图片；　　　　　　图标代表素材只有视频；

　　图标代表素材只有声音；　　　　　图标代表素材有声音、有视频；

　　图标代表素材为脱机文件。

　　脱机文件指原先导入Premiere中素材的位置有所改变或者删除了，需要重新链接或者替换才可以正常使用的素材。

　　重新链接脱机文件的方法：在项目窗口中选中脱机文件，右击，在弹出的快捷菜单中选择"替换素材"或者"链接媒体"，如图2-13所示。

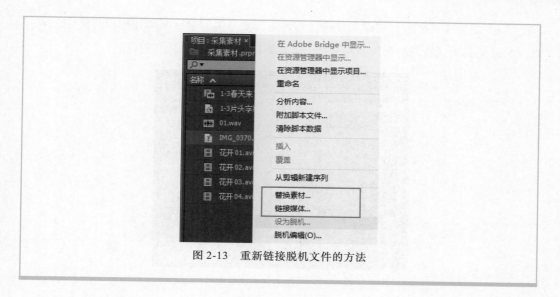

图 2-13　重新链接脱机文件的方法

活动四

讨论如何管理项目窗口中大量的素材。

在进行一个影视节目制作时，需要导入大量的素材，当大量素材被导入项目窗口时，管理和查找往往会很麻烦。为了方便管理这些素材，可以在项目窗口中建立文件夹对素材进行归纳和分类。

活动五

介绍如何管理素材，根据操作步骤整理素材。

（1）在项目窗口中，可以单击文件夹图标按钮，如图2-14所示；也可以在项目窗口的空白处单击鼠标右键，在弹出的快捷菜单中选择"新建文件夹"命令，如图2-15所示。

图 2-14　单击文件夹图标按钮

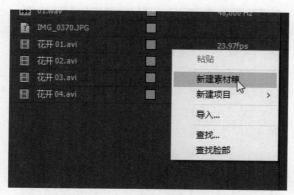

图 2-15　右键选择"新建素材箱"

（2）建立文件夹后，更改文件夹名称，将需要分类的素材拖动到相应的文件夹中，展开文件夹就可以看到所有的素材文件，如图2-16所示。

图 2-16　展开文件夹查看素材

（3）项目窗口下方有两种不同的视图类型：一种是列表视图 ，另一种是缩略图视图 。

（4）观察以下两种视图：列表视图和缩略视图，如图2-17、图2-18所示。

图 2-17　列表视图

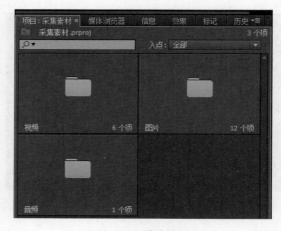

图 2-18　缩略视图

　　在实际操作中，希望能更快速、更直观地观察素材，一般用到缩略视图显示方式。Ctrl+滚动鼠标中键可以改变缩略画面大小。

　　（5）双击打开缩略视图下的"图片"文件夹，弹出"图片"对话框，浏览文件夹中的素材，如图2-19所示。

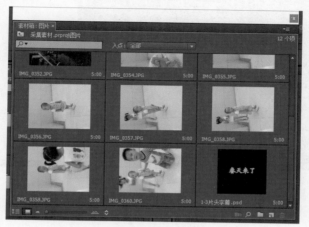

图 2-19　浏览素材

　　（6）回到列表视图的显示方式，拖动项目窗口下方的滑块，这样可以观察到素材的一些相应参数，也可以单击上面的参数标题进行不同方式的排列，如图2-20、图2-21所示。

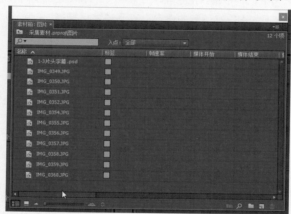

图 2-20　观察素材参数

图 2-21　排列素材参数

（7）在以列表视图显示的时候，同样可以看到素材的缩略图，如图2-22所示。

图 2-22　列表视图显示素材

知识窗

　　Adobe Premiere Pro CC支持绝大部分视频和图像的媒体类型，比如FLV、F4V、MGEG、MPG2、WMV、AVI、BWF、AIFF、JPEG、PNG、PSD、TIFF、MP3等类型的文件。

　　如果导入的素材出现如图2-23所示的情况，表明该素材是当前Premiere Pro CC不支持的文件格式。

图 2-23　素材为当前不支持的格式

　　现在市面上有很多格式转换软件，不论是音频、视频或者图片都可以通过它们来转换成Premiere Pro CC所支持的格式。这些软件可以轻松地从网站上获得，比如格式工厂等。

练习与思考：

根据"模块二"/"任务一"中提供的素材，练习各种素材的导入和素材的管理。

任务二

制作汽车展示短片

◆ **任务概述**

　　中国的传统玩具"九连环"就有嵌套的思维，当然Premiere Pro CC时间线的嵌套比"九连环"理解起来更加简单。在Premiere Pro CC中，序列是时间线上进行素材编辑的平台。当制作影视作品时，可以根据内容分为几个段落，每个段落使用一个序列进行编辑，这样既能减少工作中的差错，也能使思路清晰。各个序列可以并排也可以多层嵌套，即多个序列可以并排在一个序列中，也可以一个嵌套一个地放置。

　　活动一

　　观看本任务的最终效果，请讨论本任务的操作要点，如图2-24、图2-25所示。

图 2-24　最终效果 1　　　　　图 2-25　最终效果 2

　　活动二

　　根据操作步骤完成本任务案例。

　　（1）新建项目文件，设置好参数（选择DV-PAL中的Standard 48 Hz）。

　　（2）在"项目"窗口中先建立4个时间线序列，导入"模块二"/"任务二"/"车1"文件夹，如图2-26所示。

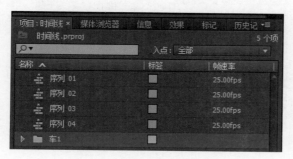

图 2-26　建立 4 个时间线序列

（3）选择"编辑"→"首选项"→"常规"命令，打开"参数"菜单，将"静止图像默认持续时间"修改为50帧，即默认导入静态图片的长度为50帧，如图2-27、图2-28所示。

图 2-27 "常规"命令

图 2-28 设置"常规"命令参数

（4）导入"模块二"/"任务二"/"车2"文件夹，再将"静止图像默认持续时间"修改为25帧，导入"车3"文件夹，如图2-29所示。

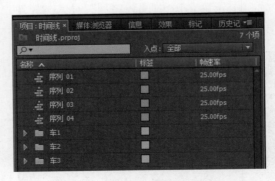

图 2-29 导入并修改文件夹帧数

（5）拖动"车1"文件夹到"序列01"，修改图片为"缩放为帧大小"，如图2-30所示。

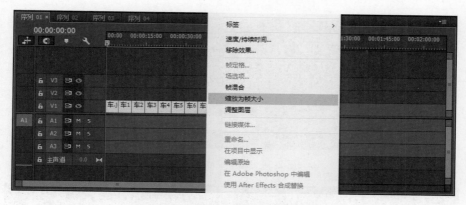

图 2-30　修改图片为"缩放为帧大小"

（6）拖动"序列01"到"序列04"中，如图2-31所示。

图 2-31　拖动序列

（7）在"序列04"的V1轨道中单击右键，在弹出的快捷菜单中选择"取消链接"命令，取消视频与音频的链接，单独删除"序列01"的音频，如图2-32、图2-33所示。

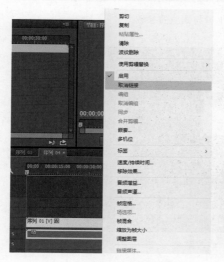

图 2-32　选择"取消链接"

图 2-33　删除音频

（8）在"序列04"面板的V1轨道中，使"序列01"处于选中状态，在"效果控制"面板中会出现"序列01"的相关参数，如图2-34、图2-35所示。

图 2-34　选中"序列 01"

图 2-35　"效果控制"相关参数

（9）对其进行效果参数的设置，使其处于屏幕的左上角。展开运动选项，修改其位置与缩放的参数，如图2-36、图2-37所示。

图 2-36　修改位置与缩放的参数

图 2-37　修改结果

（10）拖动"车3"文件夹至时间线"序列03"的"V1"轨道中，再拖动"序列03"至"序列04"面板的V2轨道中，再删除其音频，如图2-38、图2-39所示。

图2-38　拖入"车3"文件夹

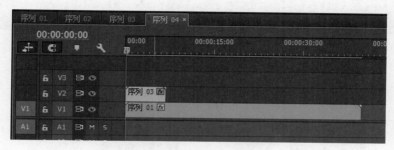

图2-39　删除"序列03"音频

（11）在"序列04"面板中选中"序列03"，设置关键帧动画使其从右上角移动到右下角，如图2-40所示。

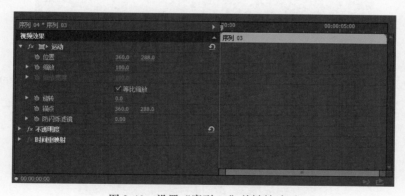

图2-40　设置"序列03"关键帧动画

（12）在"效果控制"面板中移动时间指针到最前端，设置其初始位置以及缩放大小，并按下位置命令前的"切换动画"按钮，设置第一个关键帧，在时间指针位置处自动生成第一个关键帧，如图2-41、图2-42所示。

图 2-41　设置关键帧

图 2-42　预览效果

（13）移动时间指针到00：00：01：00位置，可以直接在"序列04"时间位置处输入"100"，如图2-43所示。

图 2-43　移动时间指针

（14）更改位置的参数值，系统自动生成第二个关键帧，此时"序列03"在"序列04"的节目监视器中完成了从右上角到右下角的移动，如图2-44、图2-45所示。

图 2-44　更改位置的参数值

图 2-45　预览效果

（15）把"序列03"拖动到"序列04"的V2轨道中，再删除其音频，如图2-46所示。

图 2-46　删除 V2 轨道音频

（16）设置其"速度/持续时间"为250%，可以看到"序列01"在时间线上的长度变短了，如图2-47 ~ 图2-49所示。

图 2-47　设置"速度 / 持续时间"

图 2-48　速度改为 250%

图 2-49　"序列 01"长度变短

（17）对V2轨道中"序列01"的"效果控制"的位置参数进行修改，使它与V1中的"序列01"相对，如图2-50、图2-51所示。

图2-50　修改"序列01"位置参数

图2-51　预览效果

（18）拖动"车2"文件夹到"序列02"时间线的V1轨道中，同样设置图片为"缩放为帧大小"命令，如图2-52所示。

图2-52　拖入"车2"文件夹并设置

（19）拖动项目窗口中的"序列03"到"序列02"时间线的V2轨道中，删除其音频部分，并设置其参数，如图2-53、图2-54所示。

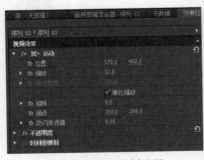

图2-53　效果控制设置　　　　图2-54　预览效果

（20）再次拖动项目窗口中的"序列03"到"序列02"时间线的V2轨道中，使时间线序列V1与V2长度一致，参数设置也一致，如图2-55、图2-56所示。

图 2-55 拖入"序列 03"

图 2-56 使时间线序列长度一致

（21）拖动项目窗口中的"序列02"到"序列04"时间线的V2轨道中，删除其音频部分，设置其"速度/持续时间"为200%，如图2-57、图2-58所示。

图 2-57 拖入"序列 02"

图 2-58 设置"速度/持续时间"为 200%

（22）拖动项目窗口的"序列02"与"序列03"到"序列04"时间线的V2和V3轨道中，删除其音频部分，如图2-59所示。

图 2-59 拖入"序列 02"和"序列 03"

（23）使"序列02"与"序列03"在"序列04"中长度一致，删除"序列02"多余部分，如图2-60所示。

图 2-60 删除"序列 02"多余部分

（24）分别对"序列02"与"序列03"的"效果控件"面板下的参数进行设置，如图2-61～图2-63所示。

图 2-61　"序列 03"的"效果控件"面板参数设置

图 2-62　"序列 02"的"效果控件"面板参数设置

图 2-63　预览效果

（25）移动"序列04"时间线面板的时间指针到00:00:37:00处，选中V1轨道中的"序列01"视频，设置位置与缩放的运动关键帧，如图2-64、图2-65所示。

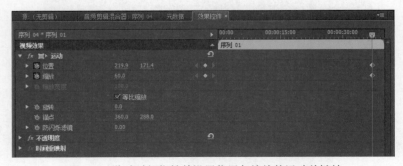

图 2-64　移动时间指针并设置位置与缩放的运动关键帧

图 2-65　预览效果

（26）移动时间指针到00:00:37:00处，修改位置与缩放的参数，如图2-66、图2-67所示。

图 2-66　移动时间指针并修改位置与缩放的参数

图 2-67　预览效果

（27）导入"模块二"/"任务二"/"背景音乐"素材，拖动到"序列04"A1轨道中，如图2-68所示。

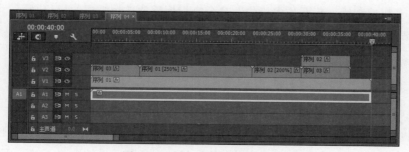

图 2-68　导入"背景音乐"素材

（28）播放最终效果，输出作品。

练习与思考：

（1）练习向Premiere Pro CC中导入10张长度为5帧的图片。

（2）根据"模块二"/"任务二"中提供的素材制作"汽车展示"视频小品。

任务三

制作晚会直播效果

多机位剪辑

◆ **任务概述**

目前市场上的晚会、庆典活动、综艺节目等，都有多个摄像机同时拍摄，只有大型活动才会有现场直播切换台，所以大多数活动都需要后期制作出现场直播切换画面的效果，这就要求编辑者熟练掌握多机位剪辑的方法。利用Premiere Pro CC的多机位可以模拟现场直播节目制作中的多机位切换效果，如图2-69所示。

图 2-69 模拟多机位现场直播

这里先介绍多机位剪辑的3个步骤：

（1）同步声音：将多组不同方位的镜头画面放置到同一个序列中的不同视频轨道，以音频轨道中的声波为对齐标准，使时间线上各个轨道中的声音完全同步。

（2）嵌套序列：将声音完全同步的序列放置到另一个新建的序列中，也就是嵌套到新的序列中，启用多摄像机剪辑模式。

（3）多机位剪辑：打开"多机位"命令，根据需要选择需要的机位画面，剪辑出令人满意的节目。

本任务将介绍以上3个步骤的具体操作方法。

一、同步声音

（1）新建"多机位剪辑"项目文件，本案例只有两个机位，只需要新建一个序列。名称为"同步声音"，将"模块二"/"任务三"中提供的素材导入"项目"窗口，并将素材拖动到时间线上。在工作中，如果默认项目的视音频通道的数目不够，可以通过序列——"添加轨道"来增加合适的视音频轨道数目，如图2-70所示。

图 2-70 添加轨道

（2）调整时间线上素材的声音使其同步，下面这个例子就是通过音频来进行同步校正的。在这个片段中，以演员开唱第一句歌词的第一帧声音为标准点，同时对齐两段视频素材的声音，如图2-71所示。

图 2-71 对齐声音

知识窗

由于现场拍摄时，每个机位的起始录制时间不会相同，视频捕捉时片段开始与结束截取的时间也不会一致，要使它们信号同步，后期剪辑的时候有两种方法实现：一是看动作，二是听声音。两种方法都能实现，但是在机位比较多的时候，镜头的拍摄长度难免不一致，所以采用看声音波形来调整信号同步的方法比较常见。声音对齐的标准为：同时播放两段素材的声音，听起来就是只有一段素材的声音一样，没有重音或延时的现象。只保证声音的完全重合，不管素材的首尾对齐。

二、嵌套序列

（1）新建序列，序列名称为"多机位剪辑"。

（2）将"同步声音"序列拖动到"多机位剪辑"序列轨道中，如图2-72所示。

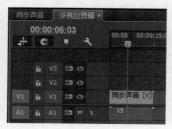

图 2-72 拖入"同步声音"序列

（3）选中"多机位剪辑"序列轨道上的素材，单击右键，在弹出的快捷菜单中选择"多机位"→"启用"选项，如图2-73所示。

图 2-73　多机位启用

（4）单击"节目监视器"→"多机位"菜单命令，"节目监视器"变成多机位剪辑，如图2-74所示。

图 2-74　"节目监视器"变成多机位剪辑

三、多画面剪辑

（1）单击"多机位"选项后，弹出"多机位剪辑"窗口。在这个浮动的窗口中，可以看见左侧的两组镜头和右边的剪辑预览画面，方便对它进行剪辑，如图2-75所示。

图 2-75　"多机位剪辑"窗口

（2）用鼠标激活左侧的某个镜头，右边的剪辑预览画面也随之相应地更新，如图2-76所示。

图 2-76　激活左侧镜头

（3）将时间滑块拖动到素材开始的位置，按空格键播放，这时窗口中的两个画面将同时播放，你只需要用鼠标在左侧画面中单击，选择最好的镜头不断切换。正在录制的镜头是用红色边框显示的，右边的预览窗口也同步显示被选中的镜头。随着时间的播放，Premiere Pro CC将在时间线上自动对选择的素材进行剪切排列。当素材播放完成时，剪辑也同时完成，如图2-77所示。

图 2-77　多机位切换剪辑

（4）如果对"现场切换"的效果与镜头不满意，可以退后一点重来；如果剪辑完成后时间线上某一镜头过长或者过短，还可以用滑动工具 进行调整。

练习与思考：

（1）多机位剪辑的方法主要有哪三大步骤？

（2）根据"模块二"/"任务三"中提供的实作题素材完成作品。

模块三
影视创作基础知识

模块综述

　　影视作品不是各种素材简单地拼接，而是要传递思想，弘扬精神。影视作品的制作者们需要具备社会主义核心价值观，才能制作出具有社会主义核心价值观的影视作品。从电影的诞生到现在有无数影视人在探索影视作品制作的规律，形成许多意义深远的影视理论。本模块将一一为你揭开影视剪辑理论世界的奥秘，通过对影视剪辑知识的学习，成为一个专业且合格的影视剪辑人。

学习完本模块后，你将能够：

✛　掌握镜头的概念，拥有镜头意识。

✛　掌握景别的概念，体会不同景别的美。

✛　了解景别在影视作品中的分类。

✛　掌握各种景别在影视作品中的作用。

✛　掌握蒙太奇的相关知识，有理论指导实践。

✛　掌握镜头组接的相关规律，打好剪辑师的基础。

任务一

认识景别

◆ 任务概述

　　景别是影视理论中最基础的部分。一部优秀的影视作品会合理运用到各种景别，构成适当的画面，表现作者的创作意图，阐述作者的创作思想。只有掌握了景别的相关理论，才能创作出好的影视作品。

　　活动一

　　欣赏图3-1～图3-4所示的电影《越光宝盒》中的一段视频（在"模块三"/"任务一"中）。想想在该短片中的哪个"组"会用到Premiere Pro CC。

图 3-1　武术组

图 3-2　美术组

图 3-3　电脑特效组

图 3-4　剪接组与剧照组

知识窗

　　Adobe Premiere 中有几款常用于影视作品的软件：Adobe Premiere Pro CC ▢、Adobe After Effects CC ▢、Adobe Media Encoder CC ▢。

　　Adobe Premiere Pro CC是用来做剪辑的，虽然软件可以做各种视频特效，通常情况下Premiere用于剪辑合成。Adobe After Effects CC则用来处理需要加特效的片段。这两款软件的项目文件可以相互调用，而不用中间输出，这既保证了节目的质量，同时也提高了工作效率。

　　Adobe Media Encoder在CC之前的版本里是Premiere的一个组件，专门用来输出视频，CC将其独立，但还是主要靠Premiere来调用。与之前不一样的是，Media Encoder独立出来之后，可以用Premiere Pro CC在输出视频的时候继续使用Premiere Pro CC。如果用的是Premiere制作DVD视频，推荐使用Adobe Media Encore。如果安装的是Premiere Pro CC完整版，这款软件应该也是包括在其中的。其优点也是可以直接调入Premiere Pro CC项目文件，避免了中间的输出过程，而且还可以在Premiere Pro CC中添加Encore的标记，即菜单的跳转点。Adobe的软件之间相互调用是很方便的。

活动二

（1）欣赏"模块三"/"任务一"中提供的早期电影《梅里爱的魔术》（1904年）、直接用魔术片段的魔术两段视频（素材在"模块三"/"任务一"中），说说两段视频有什么相同与不同之处，你更加喜欢哪段视频？

（2）赏析《工厂的大门》《火车进站》两段视频，观看影片中"人物"的大小是否改变。

一、镜头概念

镜头是指摄影机在一次按下开始录制到停止录制之间所拍摄的连续画面或者是两个剪辑点之间的画面，是构成影视作品的基本单位。

现在的影视作品是由一个个镜头组接在一起形成的，在时间上可以不连续。但是在影视诞生之初，由于技术上的问题，如《工厂的大门》《火车进站》等早期的影视作品都是一次性拍摄完成的，摄像机就是记录这段时间内发生的所有事情。随着技术的不断发展和人们认知的需要，比如想清楚展示画面中的人物表情，或者特别呈现画面中人物的环境等，这就要求摄像机改变原有的固定位置、固定角度，从而改变画面中被摄体固定大小的原有状态，所以现在的影视作品要由一个个镜头组成。

活动三

欣赏图3-5、图3-6所示的"景别变化"视频片段（素材在"模块三"/"任务一"中），说一说在这段视频中，人物在画面中的大小有何变化。试着回忆在你看过的电影中，人物的大小是否在不断地变化。

图 3-5 《钱学森》片段 1　　　　图 3-6 《钱学森》片段 2

二、景别的概念

景别是指由于摄影机与被摄体的距离不同，而造成被摄体在拍摄画面中所呈现出的范围大小的区别。

在实际生活中，人们依据自己所处的位置和当时的心理需要，对事物的观察或远看取其势，或近看取其质，或扫视全局，或盯住一处；或看个轮廓，或明察细节，产生各种视觉大小远近的感受。影视艺术正是为了适应人们这种心理上、视觉上的变化特点，才产生了镜头的不同景别。

三、景别的划分

景别是一个距离问题，为了便于理解，这里以人作为参照标准，一般可分为5种，由近至远分别为：特写（人体肩部以上）、近景（人体胸部以上）、中景（人体膝部以上）、全景（人体的全部和周围背景）、远景（被摄体所处环境），如图3-7所示。

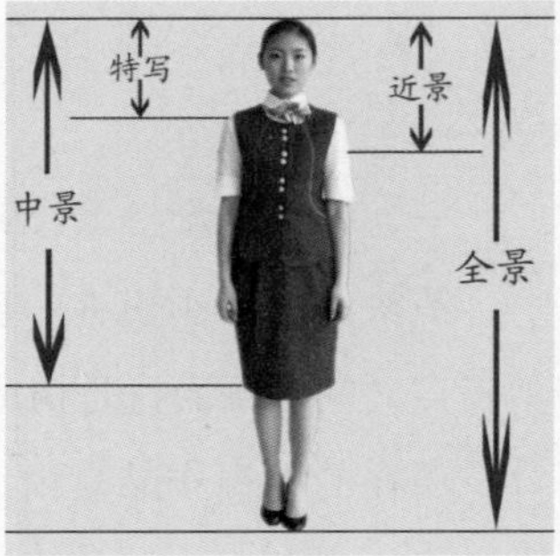

四、景别的具体应用

（1）远景。远景能表现自然环境和宏大场面的气势，加强画面的真实性；远景画面在观众的心理上产生过渡感或退出感，常用于影视片的开头、结束或场景的转换，形成舒缓的节奏，如图3-8（《转山》片尾）、图3-9（《从你的全世界路过》片段）所示。

图 3-7　景别的划分

图 3-8　《转山》片尾

图 3-9　《从你的全世界路过》片段

（2）全景。全景决定场景中的空间关系，起"定位"作用，往往是每一场景的主要镜头；如图3-10、（《叶问2》片段）、图3-11（《缝纫机乐队》片段）所示。

图 3-10　《叶问2》片段

图 3-11　《缝纫机乐队》片段

（3）中景。中景主要表现在紧凑的空间内人物活动和相互间的关系，与人们现实生活中的空间关系接近，符合观众观看的心理，如图3-12（中景示例图片）、图3-13（《叶问2》片段）所示。

图 3-12　中景示例图片

图 3-13　《叶问 2》片段

（4）近景。近景善于表现人物的面部表情，是用来刻画人物性格的主要景别之一，如图3-14（《一个好爸爸》片段）、图3-15（《富贵逼人》片段）所示。

图 3-14　《一个好爸爸》片段

图 3-15　《富贵逼人》片段

（5）特写。特写景别突出表现某一局部，放大了细节，反映出质感，形成清晰的视觉形象，常被用作过渡镜头，如图3-16（《我和我的祖国》片段1）、图3-17（《我和我的祖国》片段2）所示。

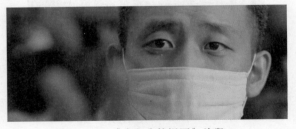

图 3-16　《我和我的祖国》片段 1

图 3-17 《我和我的祖国》片段 2

景别是一个看似简单，其实拥有无穷能量的影视基本元素。要想能够熟练运用景别，就需要多观看其他优秀的作品，学习优秀的经验；在实际操作中，多拿着摄影机到生活中去拍摄。

练习与思考：

（1）利用课余或者部分课堂时间，对下面一部分影片进行影视赏析，分析影片中的各种景别。作品名称有：《草原上的萨日朗》《大鱼海棠》《中国飞侠》《大话西游》《以青春之名》。

（2）利用"模块三"/"任务一"中提供的视频素材，剪辑出一段有各种景别的视频集。

任务二

NO.2

认识蒙太奇

◆ 任务概述

在影视作品剪辑中，不是简单地使用相关工具把镜头组接在一起，而是有一定的规律。"蒙太奇"就是规律的集合。"蒙太奇"不但是影视语言的重要表现方法之一，也是电影理论的重要组成部分。

一、蒙太奇的概念

在汉语中，很多词语都是从外语中音译过来的。例如汉语中的"摩登"是英语单词"modern"的音译词；"蒙太奇"是从法语"montage"音译过来的。"montage"原是古建筑学上一个术语，意为构成、组合，借用到电影中，为电影用语，有剪辑和组合的意思。蒙太奇像一个极有诱惑力的谜一样，近百年来吸引着世界各国的电影工作者。

活动一

请大家闭上眼睛，想象"母亲"这个名词几分钟。

（1）你想到了哪些场景？

（2）你是否想到了如图3-18、图3-19所示公益广告《母亲》中演示的场景？

图 3-18　公益广告《母亲》片段 1　　　　图 3-19　公益广告《母亲》片段 2

（3）为什么每个人想到的不一样呢？

（4）通过刚才的活动，请大家试着归纳蒙太奇的概念。

1.根据各种说法和平时的经验对蒙太奇给出定义

蒙太奇就是指根据影片要表达的内容思想，将摄像机在不同时空下拍摄的镜头，按照生活逻辑、作者的观点倾向及美学原则把它们按原定的构思组接起来，用以表现某种特定的主题内容的技巧。

2.镜头与蒙太奇的关系

从上一任务的内容可以看出，影视作品的基本元素是镜头。镜头是从不同的角度、以不同的焦距、在不同的时间一次性拍摄下来的画面。以镜头来说，从不同的角度拍摄，自然有着不同的艺术效果。比如远景、全景、中景、近景、特写、大特写等，其艺术效果不一样。在影视作品中，各种不同的镜头如何连接，就需要蒙太奇。连接镜头的主要方式、手段就是蒙太奇。

活动二

《哈利·波特1》中原著有这么一段文字描写：一字排开的船队同时启程，仿佛是一起在水平如镜的湖面上滑行。所有的孩子都默不作声，抬头仰望着那宏伟的古堡。当船队越来越接近古堡所在的峭壁时，孩子们感觉古堡仿佛就屹立在自己的头顶上一样。

（1）请大家试着把这段文字在自己的头脑中转化成影像。

（2）欣赏"模块三"/"任务二"中提供的《哈利·波特1》片段，正是上述这段文字在电影中展示的场景画面。

（3）你的想象场景画面和电影中表现的场景有什么区别？

通过这个活动，可以得知蒙太奇在影视作品中的主要作用，就是把创作者的思维和镜头语言相互转换。把头脑中的想法用一个个镜头合理、充分地表现出来。这些技巧跟创作者自身的生活环境、文化底蕴、思维方式等息息相关，所以大家在日常生活中要多丰富自己的阅历，增长自己的见闻。

二、蒙太奇的作用

人们通常把分割的、离散的、跳跃的思维方式称为蒙太奇思维。因为有蒙太奇思维，才使得现在的影视世界如此多姿多彩。蒙太奇贯穿于整个影片的创作过程中：产生在影片编剧的艺术构思之时；体现在导演的分镜头剧本里；最后完成在剪辑台上。

（1）蒙太奇有叙事的作用。

影视剧的画面是分别拍摄的，运用蒙太奇手法把众多的镜头剪辑后组接起来，可以表现完整的思想内容，清晰地叙述故事情节，构成一部为广大观众所理解的影片。

（2）蒙太奇有表意的作用。

蒙太奇不仅起着生动叙述镜头内容的作用，而且会产生各个孤立的镜头本身表达不出的新含义来，能使影视作品产生诗情画意。它丰富了影视语言，深化了影片的思想内容，加强了影片情绪的感染力。

（3）可以运用声画蒙太奇产生特殊的艺术效果。

①利用声画合一更好地阐述剧情。声画合一指声音和画面紧紧配合形成"同步"。如画面有人在弹钢琴，同时就出现悦耳的钢琴声；画面中出现一架飞机飞行，同时就听到飞机的轰鸣声；画面上两人在交谈，传来的也是他们的谈话声。这种方式有助于观众更好地理解剧情，符合观众心理规律。例如：电影《一个好爸爸》把原声带和剪去音频的素材同时给出，让大家直观地了解声画合一的作用，如图3-20所示。

图 3-20 《一个好爸爸》片段

②利用声画分立扩展画面空间容量。声画分立也就是说声音和发声物体不在同一画面，声音是以画外音的形式出现的。声画分立的一个明显作用是能够扩展画面的空间容量。

活动三

赏析《我和我的祖国》的片段，如图3-21所示。说一说从这个画面中看到了什么。

图 3-21 《我和我的祖国》片段

③利用声画对位产生深层次的象征意义。声画对位是指把本来分别独立、各不相干的声音和画面有机地结合起来，从而产生了单是画面或单是声音所不能达到的整体效果，构成另一种意义上的"声画结合"的蒙太奇形式。利用声画对位，可产生某种象征意义。

活动四

赏析《生日快乐》片段，如图3-22、图3-23所示。想想这个片段给你传达了怎样一个信息。

图3-22　《生日快乐》片段1　　　　图3-23　《生日快乐》片段2

"声画分立"和"声画对位"人们通常把它们叫作"声画对列"。声画对列在影视片的运用，丰富了影视艺术的表现手法，从而扩大了影视片的内容含量，并运用其特点调动了观众思维的积极性，让电影更加具有吸引力。

（4）产生"复合时空"效果。

交错穿插的两种或两种以上的时空称为"复合时空"。复合时空在表现故事时，可以让时间、空间相当自由地切跳，或延长，或静止。将过去、现实、未来、幻觉等几种时空交织在一起，这样可深入地表现人物的心理活动，渲染情绪，加强影片的艺术感染力。

张艾嘉的电影《心动》，就是用现实、过去、幻觉交替的这种复合时空来延续故事的，如图3-24所示。

图3-24　《心动》片段

活动五

另外一部电影《玻璃之城》中也有"复合时空"。请大家鉴赏两部电影，说说两者的不同之处。

（5）创造蒙太奇节奏。

影视作品中一个镜头的美学价值，除本身所具有的内容以外，还可以根据它在影片中的位置，即排列顺序、镜头长短来扩大或减少。也就是说，在镜头的连接中，会产生影片所需要的节奏——蒙太奇节奏。

①蒙太奇节奏概念。蒙太奇节奏是指影视作品中镜头转换所产生的一种节奏，这是最富有影视特点的，为影视作品所专有的一种节奏。由一系列镜头连接所形成的节奏感，能使原来是静止的事物变"活"，让它们动起来。

②两个同样节奏的镜头接在一起也可以改变它们的节奏。

比如：一个人在街上散步，走得很慢。如果这个镜头中有一个杀手慢慢地向他靠拢，而当事人却全然不知时，虽然两个画面的节奏都很缓慢，但是观众会觉得气氛异常紧张。

③蒙太奇节奏与镜头的长短也有关系。比如：在有关警匪情节的香港电影中，如果男主人公将要死去，则会用一个较之真实的时间长的镜头来表现英雄人物的消失。这样既扣住了观众的心弦，又让观众有撕心裂肺的痛；把英雄的死表现得更加凄美，渲染了影片的主题。

蒙太奇是影视艺术的语言手段，它既是影视艺术反映现实生活的艺术方法，也是作为影视作品的基本结构手段、叙述手段和镜头组接的艺术技巧。蒙太奇是导演表现其思想的一个重要手法，应该充分理解蒙太奇作为影视艺术语言手段的相关作用，了解蒙太奇的叙事与表意作用在影视作品中如何运用。

练习与思考：

（1）蒙太奇的概念是什么？

（2）蒙太奇的作用有哪些？

（3）结合蒙太奇，请你试着说说一个人拿水杯喝水的这个动作需要几个镜头来表现，并说出镜头的景别。

任务三

探索镜头组接规律

◆ **任务概述**

蒙太奇是镜头组接方法的总称。在镜头组接过程中，我们需要遵循的规律是什么？方法有哪些？在生活中要怎么运用？怎么让自己的作品看起来更加完善？这就是本任务的内容。

活动一

对于下面3个场景请大家做一做组合题。

镜头A：一个人在笑；

镜头B：一把刀直指着这个人；

镜头C：同一人的脸上露出惊惧的样子。

①你觉得这几个场景可以做出几个组合来表达思想？

②请想象一下A→B→C的组合能够传达一个什么思想。

③请想象一下C→B→A的组合能够传达一个什么思想。

友情提示

不管这几个镜头怎么组接，可以表达的中心思想有两种：一种是表现这个人有大无畏精神，不畏惧死亡；另一种就是表现这个人胆小，畏惧死亡。

镜头组接规律是根据日常工作中经常遇到的一些情况归纳出来的。一般情况下需要遵循，但是有时编者的意图是要表现一些特殊效果，规律是可以灵活运用的。当然这些需要创作者平常多实践，不断充实自己的知识，不断总结经验。这样在创作过程中就可以结合实际需要，创作出更多、更好的作品。

（1）镜头的组接必须符合生活逻辑。

镜头的组接要符合生活逻辑，不符合逻辑观众就会看不懂。为什么当初无声电影没有声音也让人着迷，其中一个原因就是观众看得懂电影讲什么。

（2）遇到同一机位，同一景别又是同一主体的画面是不能组接的。

一方面，这样拍摄出来的镜头景物变化小，画面看起来雷同，接在一起好像同一镜头不停地重复。另一方面，这种机位、景物变化不大的两个镜头接在一起，只要画面中的景物稍有变化，就会在人的视觉中产生跳动或者好像一个长镜头断了好多次，破坏画面的连续性。

（3）不同主体的镜头组接时，同景别或不同景别的镜头都可以相接。

（4）在镜头组接的时候，要遵循"循序渐进"的规律。

如果景别变换太大：一方面，产生视觉跳跃太大，观众不适应；另一方面，不容易搞清两个镜头的关系，如图3-25所示。

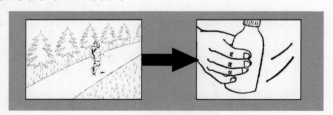

图3-25　景别变换太大

景别组接循序渐进一般如图3-26所示。

①"远景"组接"全景或中景"。

②"全景或中景"组接"近景或特写"。

③"特写"组接"中景或近景"。

④"中景或近景"组接"全景或远景"。

图 3-26 景别组接循序渐进

（5）镜头组接要遵循"动从动""静接静"的规律。

①如果画面中同一主体或不同主体的动作是连贯的，可以动作接动作，达到顺畅、简洁过渡的目的，简称为"动从动"。

②如果两个画面中的主体运动是不连贯的，或者它们中间有停顿时，那么这两个镜头的组接必须在前一个画面主体做完一个完整动作停下来后，再接后一个从静止到开始的运动镜头，这就是"静接静"。"静接静"组接时，前一个镜头结尾停止的片刻叫作"落幅"，后一镜头运动前静止的片刻叫作"起幅"，起幅与落幅时间间隔为一二秒。

为了使画面不出现跳动感，一般遵循"动从动""静接静"的规律。除非为了某种特殊效果，比如球赛中插入观众的反应镜头；车厢内人往外看的固定镜头与车窗外景物的运动镜头相连。

（6）镜头组接的同一性原则。

①人物视线、情绪一致。

②人物服装和所出现的道具一致。

③背景、自然环境一致。

④地理位置、方向一致。

⑤运动速度、明暗、色调、影调和谐统一。

（7）遵循镜头调度的轴线规律。

①概念。

●轴线：是假想或想象的轴线，指被摄对象的视线方向、运动方向和对象之间的关系所形成的一条假定的、无形的线（分别称方向轴线、运动轴线、关系轴线）。

●同轴镜头：指摄像机的机位和拍摄角度的变化只在轴线的一侧，即180°之内拍摄的镜头。

●离轴镜头：指个别镜头在轴线的另一侧所拍摄的镜头。

②轴线规律。轴线规律是指组接的两个镜头必须是同轴镜头，如果不是同轴镜头，两个画面接在一起主体物就要"撞车"，产生跳动的感觉，也称作"跳轴"。

运动轴线示意图：1、2机位可以组接，3机位不能与1、2机位组接，如图3-27所示。

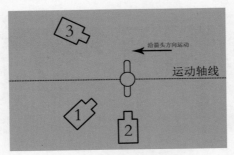

图 3-27　运动轴线示意图

关系轴线示意图：1、2机位可以组接，3机位不能与1、2机位组接，如图3-28所示。

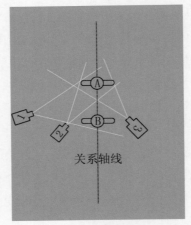

图 3-28　关系轴线示意图

方向轴线示意图：1、2机位可以组接，3机位不能与1、2机位组接，如图3-29所示。

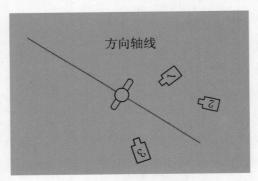

图 3-29　方向轴线示意图

练习与思考：

（1）景别组接的原则是什么？

（2）轴线规律是什么？

（3）镜头组接的规律有哪些？

任务四

运用转场特效制作画册

◆ 任务概述

　　蒙太奇是一种组接镜头的技巧。为了让镜头符合生活逻辑、作者的观点倾向及美学原则，在视频制作中，当从一个场景的画面切换到另一个场景的画面时，除了直接镜头切换，还有其他方式。利用特效进行转场即利用特效将前后两个画面连接起来，使观众明确意识到前后画面间、前后段落间的隔离转换，可以避免镜头变化带来的跳动感，并且能够产生一些直接切换不能产生的视觉及心理效果。本任务学习转场特效的应用原则、转场特效的添加、替换及删除方法、如何在"效果控制"面板中改变特效参数、熟悉自定义转场的设置方法、熟悉不同转场特效的效果。

制作四季转场

活动一

观看本任务的最终效果（见图3-30 ~ 图3-31），请讨论本任务的操作要点。

图 3-30　最终效果 1

图 3-31　最终效果 2

最终效果

图 3-32　最终效果 3

图 3-33　最终效果 4

　　在影视节目中，直接用来组接的镜头需要在拍摄过程中拍摄得很完美，画面符合组接的相关规律。但是在影视节目制作过程中，不会尽善尽美，总会有这样或那样的问题。镜头也一样，如果在镜头组接过程中不能很好地组接，又在不能够补拍的情况下，需要借助编辑软件的特殊功能来弥补。有时候影视节目为了情节、主题的需要，会用到一些特殊的组接形式，例如，黑场转换、白场转换、淡入淡出等。这些都是在编辑过程中实现的。下面利用Premiere Pro CC来介绍它的一些转场特效。

活动二

根据操作步骤完成本任务案例。

（1）新建项目文件（参考设置DV-PAL、标准48 Hz）。

（2）导入"模块三"/"任务四"中提供的相关素材。

（3）按照春夏秋冬的顺序将素材拖动到时间线窗口的V1轨道。在"节目监视器"窗口中监视图片的效果，如图3-34所示。

图 3-34　"节目监视器"窗口

（4）选中所有图片，修改其大小，使各图片素材"缩放为帧大小"，如图3-35所示。

图 3-35　选中所有图片并修改大小

（5）在"源素材监视器"中监听音乐效果后，将"背景音乐"素材拖动到时间线A1轨道，如图3-36所示。

图 3-36　拖入"背景音乐"

（6）根据V1轨道中图片的长度，删除掉A1轨道中多余的声音，如图3-37所示。

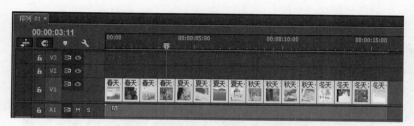

图 3-37　删除掉 A1 轨道中多余的声音

（7）在"节目监视器"中观看当前影片效果，发现图片之间切换有跳动感，不协调。为了改变这一现象，接下来为图片之间添加切换特效，使图片之间的过渡更加协调。

（8）在"效果"→"视频过渡"中可以看到Adobe Premiere Pro CC提供给用户的各种切换特效，如图3-38所示。

图 3-38　"视频过渡"效果分类

（9）展开"3D运动"文件夹，找到"门"，将其拖动到第一张图片与第二张图片之间，先查看效果，如图3-39、图3-40所示。

图 3-39　拖入"门"转场特效

图 3-40　预览效果

（10）选中"门"，在"效果控件"中查看其各参数设置，如图3-41所示。

图 3-41　在"效果控件"中查看各参数设置

●持续时间：是转场特效持续时间，可以自行调整。一般在设置转场特效时，如果有背景音乐的存在，转场的开始点一般要设置在背景音乐发生变化的时候，如图3-42所示。

图 3-42　持续时间

●显示实际来源：选中此选项后，可以看到A、B两段视频显示缩览图，如图3-43所示。

图 3-43　显示实际来源

活动三

读者仔细观察图3-44、图3-45，想一想是因为哪个选项造成切换效果不一样？

图 3-44　预览效果 1

图 3-45　预览效果 2

●边宽和边色：是给切换的视频添加一个颜色可变的边框，如图3-46、图3-47所示。

图 3-46　边宽和边色

图 3-47　预览效果

●反转：本来切换的方向是图形B从水平或者垂直方向以推门的方式出现，覆盖图像A。选择反转后，刚好相反，如图3-48、图3-49所示。

图 3-48　原始预览效果

图 3-49　"反转"预览效果

（11）根据自己需要选择合适的参数。接下来根据需要分别为后面的图片添加转场，如图3-50所示。

图 3-50　根据需要添加转场效果

（12）完成后在"节目监视器"中查看效果。

本任务所有的操作请详细观看本书配套的操作视频。

练习与思考：

（1）根据"模块三"/"任务四"中提供的操作步骤，试着完成以上制作过程。

（2）利用"模块三"/"任务四"中提供的素材，制作一个视频，尽可能地用上所学的各种转场特效。

模块四
字幕的处理与应用

模块综述

影视作品作为声音与图像的综合，同时给予观众视觉与听觉的冲击，字幕往往起到点睛之笔的作用。字幕作为影视画面的重要组成部分，它能让观众更好地了解影视作品的内容，辅助观众理解所获得的声音、图像信息，并具备一定的美学欣赏价值。因此，在影视制作中，应当重视字幕的有效运用。

学习完本模块后，你将能够：

- 熟知影视作品中常见的字幕类型。

- 掌握标题字幕的制作。

- 掌握唱词字幕的制作。

- 掌握角标字幕的制作。

- 掌握游动字幕的制作。

- 掌握片尾字幕的制作。

任务一

制作标题字幕

制作标题字幕

◆ 任务概述

　　标题字幕通常位于一部片子的片首，与文章的标题一样，主要用来表现影片的主题思想和主要内容，要求明了易懂，一般不超过6个字，字幕样式设计要符合影片整体的风格。本任务为配乐诗朗诵《我的梦想》制作标题字幕，一并学习字幕的分类等相关知识，如图4-1所示。

最终效果

图4-1 　《我的梦想》标题字幕

一、设计字幕

　　（1）观看配乐诗朗诵影片《我的梦想》，了解该影片的内容与风格，设计字幕样式。从片子的内容来看，本片是一部配乐诗朗诵，介绍的是诗人想独自一人环游世界的梦想。风格：文艺范十足。所以本片的字幕首先应尽量选用浅色艺术化字体，再利用从小到大，淡入、淡出的方式切换字幕，这样就可以与原片的风格相吻合。明确了设计思路后即可开始制作字幕。

　　（2）新建项目，导入"模块四"/"任务一"中提供的素材《我的梦想》。

二、创建标题字幕

　　（1）单击"字幕"→"新建字幕"→"默认静态字幕"菜单命令，如图4-2所示。弹出"新建字幕"对话框，在"名称"处输入作品名称，如图4-3所示。单击"确定"按钮，打开"字幕"制作窗口，如图4-4所示。

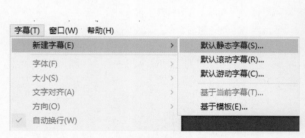

图4-2 "新建字幕"对话框

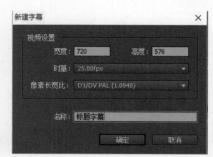

图4-3 "新建字幕"设置

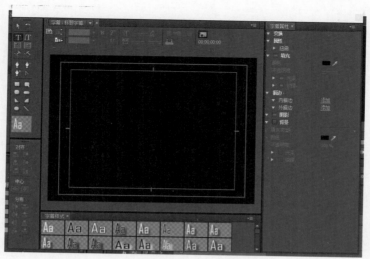

图 4-4 打开"字幕"制作窗口

知识窗

在"字幕"对话框中，最左侧的是两个工具箱，上面的工具箱用于创建场景元素，下面的工具箱用于元素在视窗中的布局。对话框的中间是字幕视窗和一个常用模板，右侧显示的是当前元素的属性模板，通过调整参数可以改变元素的属性，如图4-5所示。

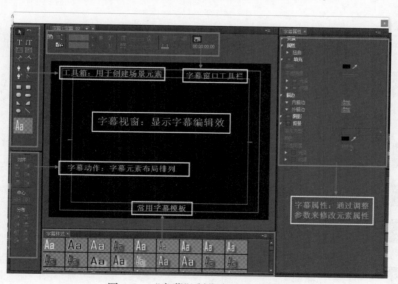

图 4-5 "字幕"制作窗口分区介绍

1.字幕工具对话框

字幕工具对话框中工具箱的工具与字幕的制作息息相关。利用这些工具可以加入标题文本，绘制几何图形，还可以定义文本的样式，如图4-6所示。下面将简要介绍这些工具的具体功能，如表4-1所示。

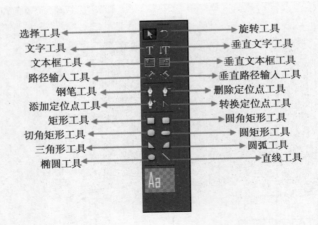

图 4-6 字幕工具

表4-1 字幕工具及功能

图　标	名　　称	功　　能
	选择工具	用于选择物体或文字，如果同时按住 Shift 键，则可以选择多个对象。单击"选择工具"按钮，在字幕窗口中选择文本，被选中的文本会显示角点，并且可以调整角点
	旋转工具	用于旋转物体或文本
	文字工具	用于建立横排文本。单击"文字工具"按钮，在字幕窗口中单击后输入文字即可。 提示：某些中文字体在 Premiere 中是不能识别的，如果输入文字后出现乱码的情况，说明是字体显示错误，需要更改一种可识别的字体
	垂直文字工具	用于建立竖排文本。单击"垂直文字工具"按钮，在字幕窗口中单击鼠标左键后松开，即可在矩形框内输入文字
	文本框工具	用于输入水平方向上的多行文本
	垂直文本框工具	用于输入垂直方向上的多行文本
	平行路径输入工具	用于输入平行于路径的文本。单击"路径输入工具"按钮，在字幕窗口中单击鼠标左键，绘制一段路径后松开，再选择"文字工具"按钮即可输入文字
	垂直路径输入工具	用于输入垂直于路径的文本。单击"垂直路径输入工具"按钮，在字幕窗口中单击鼠标左键，绘制一段路径后松开，再选择"文字工具"按钮即可输入文字
	钢笔工具	用于创建复杂的曲线或调整平行路径文字工具和垂直路径文字工具创建出来的路径

续表

图 标	名 称	功 能
	添加定位点工具	用于增加文本路径上的节点
	删除定位点工具	用于减少文本路径上的节点
	转换定位点工具	用于调节文本路径的平滑度
	矩形工具	用于创建矩形图案，选择工具后在窗口中直接拖动即可。如果同时按住 Shift 键，则可以创建正方形，用户可以自定义填充颜色和线框色等
	圆角矩形工具	用于创建带有圆角的矩形图案
	切角矩形工具	用于创建矩形，并且对该矩形进行裁剪控制的图案
	圆矩形工具	用于创建偏圆的矩形图案
	三角形工具	用于创建三角形图案
	圆弧工具	用于创建圆弧图案
	椭圆工具	用于创建椭圆图案，选择工具后在窗口中直接拖动即可。如果同时按住 Shift 键，则可以创建正圆图案，用户可以自定义填充颜色和线框色等
	直线工具	用于创建直线图案

2.字幕动作对话框

字幕动作对话框中的按钮主要是排列功能，分为排列、居中、分布等三大选项，其对话框如图4-7所示。注意：操作时需要同时选择多个文本框才能够应用这些功能按钮。

3.字幕窗口工具栏

字幕窗口工具栏也是字幕制作的重要平台，如图4-8所示。其中红框部分主要是调整文本属性和对齐方式，该属性功能与"字幕属性"对话框中的属性功能相同。

字幕窗口工具栏中其他常用功能按钮说明如下：

基于当前字幕新建字幕，可以在不关闭当前字幕窗口情况下新建新的字幕素材。

滚动/游动选项，可以用来设置动态字幕效果。操作方法是：先使用"选择工具"选中创建的文本，再单击工具栏

图 4-7 字幕动作对话框

图 4-8　字幕窗口工具栏

上的"滚动/游动选项"按钮，在弹出如图4-9所示的对话框中选择需要的"字幕类型"，设置"时间（帧）"后单击"确定"按钮完成。

图 4-9　滚动 / 游动选项

模板，该按钮功能提供了丰富的可以选择的字幕设计预置，选择需要的样式。

显示视频为背景，打开该图标按钮后可以显示当前时间线位置的视频画面，如图4-10所示。

图 4-10　显示视频为背景

4. "字幕属性"对话框

字幕制作与"字幕属性"对话框是分不开的，字体的类型、大小、填充方式和颜色等效果，都需要在"字幕属性"对话框中进行调整设置，如图4-11所示。下面，简要介绍这些参数命令。

（1）变换

变换属性是字幕属性的一部分，它可以调整控制字幕的透明度、X轴和Y轴位置、宽度与高度以及旋转等属性，其对话框如图4-12所示。

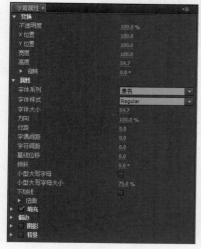

图 4-11　字幕属性

图 4-12　变换

（2）属性

属性中包含的参数很多，都是针对字幕中文字本身的基本属性，如字体、字体样式、大小等，操作时只需选择或调整参数即可，其对话框如图4-13所示。

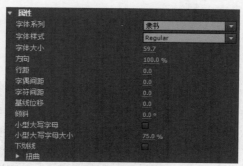

图 4-13　属性

（3）填充

填充主要是对字体的颜色、透明度、填充类型以及材质等参数的调整，如图4-14所示。

图 4-14　填充

5.字幕样式

字幕窗口下方是"字幕样式"对话框，它显示了系统提供的所有标题样式，如图4-15所示。第一个方格中的字体样式是默认样式，其他为可选择样式，只要选中文字后在"字幕样式"中单击一种样式即可。该功能为用户提供了极大的方便，同时可以对应用后的样式在"字幕属性"对话框中进行再设置。

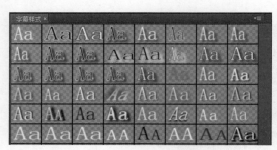

图 4-15　字幕样式

（2）选择"文字工具" T 后，单击字幕编辑框，输入"我的梦想"，在右边的字幕属性中设置字体为华文彩云，字体大小为120，其他参数如图4-16所示。关闭字幕框，字幕自动保存到项目面板，如图4-17所示。

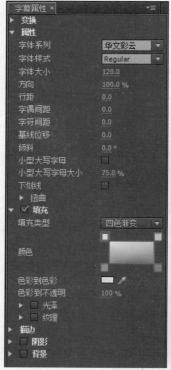

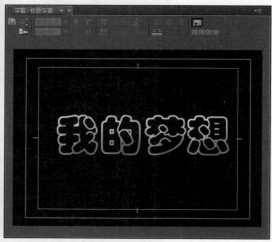

图 4-16　"我的梦想"字幕设置参数

图 4-17　字幕自动保存到项目面板

知识窗

　　图4-18输入的文字为乱码，表示其不能被当前字体识别，修改字体就可以让文字被识别，如图4-19所示。

图 4-18　当前字体不能被识别　　　　　　图 4-19　当前字体可以识别

三、为字幕做缩放动画

（1）拖动"标题字幕"到"V1"轨道，调整其持续时间为3 s，如图4-20所示。

图 4-20　拖动"标题字幕"到"V1"轨道

（2）为字幕做缩放动画：在"效果控件"窗口，展开"运动"选项，把时间滑块拖动到"00:00:00:06"处，按下"缩放"选项的"切换动画"按钮，设置"缩放"的参数值设为0.0。将时间滑块拖动到"00:00:00:22"的位置，设置"缩放"的参数值为100.0，如图4-21所示。

图 4-21　为字幕做缩放动画

四、为字幕做淡入淡出效果

（1）在"效果控件"窗口展开"不透明度"选项，不透明度的关键帧码表默认为开启，把时间滑块拖动到"00:00:00:06"处，按下"切换动画"按钮，设置"透明"参数值为0.0%。

（2）把时间滑块拖动到"00:00:00:22"处，设置"透明"参数值为100.0%。

（3）把时间滑块拖动到"00:00:02:02"处，设置"透明"参数值为100.0%。

（4）把时间滑块拖动到"00:00:03:00"处，设置"透明"参数值为0.0%。设置好的缩放动画、淡入淡出特效面板参数如图4-22所示。

图 4-22　为字幕做淡入淡出效果

（5）标题字幕效果制作完成，拖动"我的梦想"到V1轨道，预览影片效果，如图4-23所示。

图 4-23　预览影片效果

（6）输出影片。

练习与思考：

完成《我的梦想》标题字幕的制作。

任务二

制作唱词字幕

◆ 任务概述

影片中人物的对话或者旁白等，因口音或语种的原因，若没有唱词字幕，观众便很难听清或听懂。本任务学习唱词字幕的制作和使用方法以及字幕的构成元素等相关知识，并为《我的梦想》加上唱词字幕。部分字幕如图4-24所示。

制作唱词字幕

最终效果

图 4-24　《我的梦想》部分字幕

一、根据影片对话内容输入文字

在时间上播放影片，根据对话内容在记事本中输入唱词文字，保存文件名为"《我的梦想》唱词字幕"。

二、创建唱词字幕

（1）选择"字幕"→"新建字幕"→"默认静态字幕"菜单命令，弹出"新建字幕"对话框，在"名称"处输入"我想"，单击"确定"按钮，打开"字幕"窗口。

（2）选择"输入工具" T ，单击编辑框，将记事本文件《我的梦想》唱词字幕中的单句文字"我想"复制到字幕框中，在右边的字幕属性中设置字体为黑体，字体大小为30，颜色为白色，选中字幕移动到窗口的下方，在工具栏中单击水平居中对齐工具 ，让字幕排列在水平中间位置，如图4-25所示。关闭字幕框，字幕自动保存到项目面板。

图 4-25　让字幕排列在水平中间位置

（3）在"项目"面板中双击"我想"字幕文件，再次回到"字幕"窗口。

（4）在"字幕"窗口上方，单击"基于当前字幕新建"工具 ，弹出"新建字幕"对话框，名称为"背着行囊"，如图4-26、图4-27所示。单击"确定"按钮，打开"字幕"窗口，选中"我想"字幕，复制记事本文件中的第二句文字"背着行囊"，粘贴在"我想"字幕框中，字幕文字替换为"背着行囊"，单击水平居中对齐工具，让字幕在左右水平位置。关闭字幕窗口，第二句唱词字幕"背着行囊"字幕文件自动保存到"项目"面板中。重复上述步骤，完成写字板中所有文字的字幕编排。

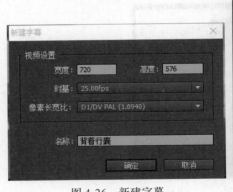

图 4-26　新建字幕

图 4-27　预览效果

三、在时间线上编排字幕

将"项目"面板中的字幕文件依次拖动到时间线"V2"轨道上，结合"A1"轨道的音频波形，调节字幕的时间长度与影片中旁白的时间长度一致，如图4-28所示。

图 4-28　在时间线上编排字幕

友情提示

（1）一般情况下，唱词字幕用"黑体"字体比较合适；在每一句唱词的句末不使用标点符号。

（2）唱词字幕制作完成后，应在时间线上反复浏览，检查是否有错别字，排版是否工整，字幕的时间长度是否与演员的讲话声音同步。

知识窗

字幕的构成元素

（1）字体字形

真、草、篆、隶、行，不同的字体字形往往代表着不同的感情色彩，如隶书的端庄大方、草书的飘逸俊秀、篆书的古色古香、黑体的冷静客观，在使用时都要根据节目的需要合理选择，切忌仅凭个人好恶取舍。在选择使用时，一定要根据具体的情境，切勿只图片面的花哨好看。

（2）大小多少

一般来讲，字幕字体不宜过小，以一般观众能看清楚的正常距离为宜；字体大，能起到突出强调的作用，当然也不能太大，所谓过犹不及。装饰、强调型字幕的字数不宜太多，否则容易喧宾夺主或找不到重点。

（3）色彩亮度

红、黄等暖色调的字幕给人温暖热烈的感觉，少儿和综艺类的节目比较适合；黑、白等冷色调的字幕则给人以冷静客观的印象，适合新闻等严肃类节目。一般而言，字幕亮比字幕暗效果要突出，但也并非越亮越醒目，关键是要有反差，这也可以通过描边或阴影等效果来加强。

（4）背景画面

就唱词字幕和标注字幕而言，当然是要与配音相对应；而就标题字幕和片尾字幕而言，也并非选择最精彩、最漂亮的画面就是最好的，因为这时的字幕是强调的重点。

（5）存在方式

字幕的出入方式也越来越多，令人眼花缭乱。至于字幕是左对齐、右对齐、居中还是不规则排放，是静止存在还是有一定的运动变化，在选择时要与节目风格相一致，前后也要统一，切忌孤立、玩弄技巧。

（6）停留时长

根据字幕内容，以一般观众能够看清、理解的时间来定，标题及标注字幕可稍长一点，但一般也不会超过10 s。

练习与思考：

（1）根据操作步骤完成《我的梦想》的唱词字幕。

（2）为《我的同学》纪录片制作唱词字幕。

参考本任务唱词字幕的字体、大小、颜色等参数，为《我的同学》全片制作唱词字幕。

任务三

制作角标字幕

NO.3

制作角标字幕

◆ 任务概述

角标字幕包括台标、节目标志等。台标一般位于屏幕的左上角，是一家电视台形象的重要体现，目前使用较为规范。节目标志有的固定存在，有的定时出现，形式多样，位置也不统一，但在右下角的居多。本任务学习为《我的同学》短片添加节目标志和台标字幕的方法以及电视字幕运用注意事项等相关知识，如图4-29所示。

一、分析角标的组成元素

角标的主要组成元素由两部分构成，如图4-30所示。

最终效果

图 4-29　角标在画面中的位置

图 4-30　角标完整图

（1）上面部分：蓝色的圆角正方形色块及标志性元素的"Z"字母。

（2）下面部分：溏溏的世界。

二、制作角标字幕

（1）新建"角标字幕"，进入"角标字幕"窗口。

（2）选择"圆角矩形工具" ，按住Shift键，在字幕窗口中画一个圆角矩形方块，在字幕属性中将"属性"的"圆角大小"参数值设为"12.0%"，颜色设置为蓝色，如图4-31所示。

（3）单击文字输入工具，输入"Z"，设置字体为Broadway，字体大小为100，颜色为黑色，如图4-32所示。

图 4-31　绘制圆角并填充

图 4-32　输入文字

（4）输入"溏溏的世界"，设置字体为方正姚体，字体大小为40，颜色为蓝色。

（5）角标字幕设置完成，如图4-33所示，关闭字幕面板，角标字幕自动保存到项目面板。

三、调整角标字幕大小及位置

（1）拖动角标字幕到"V4"轨道，调整角标字幕的时间长度与位置，通常情况下角标字幕在片名结束之后至片尾之前，如图4-34所示。

图 4-33　角标字幕设置完成

图 4-34　拖动角标字幕到"V4"轨道

（2）选择"特效控制台"，修改"运动"选项下位置参数为"665，506"，缩放为"50"；添加淡入淡出效果，展开"不透明度"选项。移动时间指针到"00：00：09：15"处，修改参数为"0"；移动时间指针到"00：00：10：17"处，修改参数为"100"；移动时间指针到"00：03：53：03"处，修改参数为"100"；再移动时间指针到"00：03：54：03"处，修改参数为"0"，如图4-35、图4-36所示。

图 4-35   在特效控制台中设置参数

图 4-36   预览效果

（3）角标字幕制作完成，浏览影片，保存项目。

四、制作台标字幕

（1）新建"台标字幕"，进入"台标字幕"窗口。

（2）在左上角处单击"文字输入工具"，输入"BFTV-1"，设置字体为Eras Bold ITC，字体大小为30，颜色为白色，如图4-37所示。

图 4-37   制作台标字幕

（3）角标字幕设置完成，关闭字幕面板，角标字幕自动保存到项目面板。

（4）拖动角标字幕到"V3"轨道，调整台标字幕的时间长度，通常情况下台标字幕在节目播出的全部时间里都会出现，如图4-38所示。本次任务制作的台标很简单，但是现实中电视台的台标是经过精心设计的，因为台标代表一个电视台的形象。

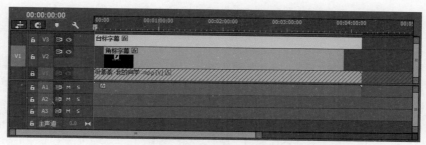

图 4-38 角标字幕时间线展示

（5）角标字幕制作完成，浏览影片，保存项目。

知识窗

影视作品中字幕运用的注意事项

影视作品中的字幕变化是一个十分重要的视觉元素，必须经过精心的设计。字幕的运用力求活泼多样，生动形象。字幕的运用应纳入节目的整体构思。

运用字幕应注意以下几个问题：

①字体应符合节目内容和艺术风格的要求。在影视作品制作中，片头字幕常采用手写的创作性字体，其他情况下则多使用宋体、黑体、楷体等字体。此外，常用的还有魏碑、行书、隶书等字体。

字体类型	字体特点
手写字体	手写的创作性字体适用于片头字幕
宋体	宋体为横细竖粗，具有典雅工艺、严肃大方的风格，且显得亲切
黑体	黑体字横竖粗细一致，笔画粗壮，显得深厚有力，引人注目，较适合于片头、大小标题及叠字用

②字幕的表现形式应符合节目类型。在字幕设计中，形式一定要为内容服务，生动的表现形式，给观众带来的是"依附感"，字幕与画面、字幕与主体内容相互依托，相得益彰。

字幕类型	适用节目类型
推出字幕	片头动感性强，辽阔宏远有气势的画面，多采用推出字幕
拉出字幕	叙述、抒情的片子
条片字幕	多表现对白、诗歌、歌词、唱词等逐字显示形式的字幕
说明性字幕	采用逐字显示，切入切出字幕

③字幕的色彩应与衬景颜色相互映衬。影视作品中的字幕色彩与衬景的运用必须符合配色原则，一般是明色前，暗色后；明色轻，暗色重。

④字幕的位置取决于其在画面中的地位和作用。字幕在画面中的位置是灵活多变，其位置应视其与画面的关系及其作用而定。如果字幕在画面上是作为主体，则应占据画面的视觉中心；如果字幕在画面上是作标示、说明等辅助作用，则只能占有陪体的位置。同时字幕的排列也无定法，可以横行、竖行，也可以斜行。字幕在画面上的分布，既可以集中在某一区域，也可以占据画面上两三块区域，甚至形成点的分布。

⑤字幕停留的时间应符合观众视觉的心理要求。字幕是无声的，需要观众去主动阅读。所以字幕不能一闪而过，要给观众以阅读、理解、记忆的时间。一般人们读解文字时的速度为3~5字/s，在这个基础上，可适当延长一些时间，以保证不同读解水平的人都能看清每个字。

⑥注重字幕所形成的线条和形状，加强光线对字幕的辅助造型。文字是灵活的图形组合元素，可以排列组合成各种线形，成为画面构成中优美的视觉元素。如斜线能传达出强烈的动感和速度感，曲线能使人联想到绵延的群山、起伏的波浪、蜿蜒的小路、优美的姿态，蕴含着流动、变化和节奏。

光线是塑造各种艺术形象的前提条件，在字幕设计中，光线的变化可以产出不同影调、色调和造型字幕，光影在字幕上的变化，体现出一种流动感、节奏感和韵律感。

⑦字幕应做到与解说、画面恰当搭配。在传达理性知识方面，字幕具有单纯的画面和解说所没有的独特优势，一行简洁明了的字幕比起繁复冗长的语言解释，更有助于观众的理解和记忆。字幕与画面、解说恰当搭配，常能起到画龙点睛的作用。

影视作品中字幕的表现，应根据作品本身的要求、长度、表现形式等多种因素综合考虑，合理选用，以适应内容的需要。

友情提示

①由于对字幕功能的忽视，现有的许多节目都存在着字幕缺失的现象，唱词对白不打字幕，人物身份没有标注，或者是字幕滞后、与唱词不吻合、错别字过多等现象，都影响着节目的质量。

②字幕虽然重要，但只是对声音、图像的一个补充，只能起到辅助作用，不宜大段单独出现，若再没有解说，势必令观众劳累不已。电视毕竟不以文字见长，应注意扬长避短。

③非线性编辑设备的使用，字幕机的更新换代，使字幕有了充分的选择余地，但一切都应以节目的实际需要来合理选择，形式永远是为内容服务的，切忌单纯玩弄技巧，舍本逐末。一个频道、一个栏目，应大体有自己的风格定位，而字幕是形象识别系统的一个重要组成部分。

④打不打字幕，打什么样的字幕，看似小事，实则是影视制作人员是不是"以观众为中心"观念的体现。在传媒竞争越来越激烈的今天，只有更体贴入微的人性化服务才能赢得观众，赢得市场。

练习与思考：

（1）根据操作步骤完成《我的同学》唱词字幕的制作。

（2）为《我的梦想》加上台标字幕及角标字幕。

任务四

制作游动字幕

◆ **任务概述**

游动字幕以前俗称"飞字幕",一般位于屏幕的最下方,是一行由右至左或由左至右游动的字幕。电视台经常以游动字幕的形式发布最近的新闻,比如临时的节目变化通知、突发事件等,字幕内容与节目画面往往并无联系,如图4-39所示。

制作游动字幕

最终效果

一、确定字幕文字内容

本案例文字内容为紧急通知:接重庆市南岸区自来水公司通知,因天源小区道路施工,挖断一条主供水管,故重庆市南岸区辖区内南

图 4-39　游动字幕范例

坪镇街道、辅仁路街道、海棠溪街道、龙门浩街道、通江大道长庆路段,从今天下午3点到明天下午3点停水,请各位社区居民做好储水事宜,给居民带来不便,敬请谅解,自来水公司会尽快恢复供水。

二、制作左飞字幕

(1)单击"字幕"→"新建字幕"→"默认游动字幕"菜单命令,如图4-40所示。弹出"新建字幕"对话框,在"名称"处输入"左飞字幕",单击"确定"按钮,进入"字幕"窗口。

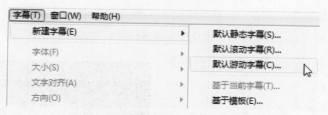

图 4-40　制作左飞字幕

(2)单击文字输入工具,复制左飞字幕文字到字幕框,设置字体系列为黑体,字体大小为30,颜色为黄色,如图4-41所示。

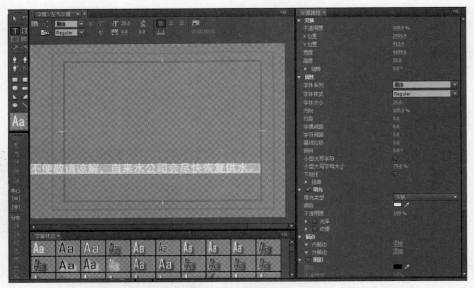

图 4-41　设置字体

（3）单击滚动/游动选项工具 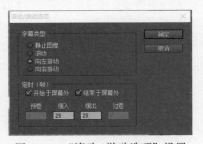，弹出"滚动/游动选项"对话框，如图4-42所示。

图 4-42　"滚动 / 游动选项"设置

● 设置"字幕类型"为：向左游动。

● "时间（帧）"为：开始于屏幕外，结束于屏幕外。这个选项的意思是：字幕开始的时候从屏幕外逐渐进入屏幕，结束的时候，字幕全部飞出到屏幕外。

● 设置"缓入"的时间为25，"缓出"的时间为25，这里的"25"是指25帧，即1 s的时间帧数，意思是字幕游动出现在画面和游动消失的时间为1 s。也可以设置50帧、100帧等。具体帧数根据字幕设计而定。

（4）单击"确定"按钮，关闭字幕窗口，文件自动保存到项目面板。

三、设置左飞字幕速度

（1）拖动"左飞字幕"到"V5"轨道，按空格键预览效果和速度，如图4-43所示。

图 4-43　预览效果

（2）发现字幕出现的位置过早，并且游动速度过快。移动字幕到片头结束位置，拉伸字幕在时间线上的长度增加字幕持续时间，如图4-44、图4-45所示。

图4-44　修改左飞字幕的位置和持续时间

图4-45　预览效果

（3）如果需要播放几次左飞字幕，直接拖动几次字幕到时间线视频轨道上。

（4）左飞字幕制作完成，浏览影片，保存项目。

练习与思考：

根据操作步骤完成游动字幕的制作。

任务五

制作片尾字幕

NO.5

制作片尾字幕

◆ **任务概述**

影视节目的结尾一般要加上影视节目中的演员、制作影视节目的工作人员、赞助单位等相关信息，也称为片尾。本任务学习的内容是利用滚动字幕制作节目片尾的方法。从普通的滚动字幕，到具有"摆入"效果的片尾制作。"摆入"效果通常用于影视节目的片尾，运用广泛，实用性强。通过本任务的学习可以提高自己的制作水平、提升影视节目制作中的技术含量，也为影视节目增加动感，更加富有吸引力。如图4-46所示。

最终效果

图 4-46　"摆入"效果的片尾

一、确定字幕文字内容

本案例片尾字幕的文字内容如下：

职员表

主持人　余　平	摄　像　王　清　罗晨阳
编　辑　王一血　党晓瑞	策　划　车行九州
导　演　溏　溏	制片人　晓　花
制片主任　溏溏妈	现场制片　张元良
副导演　刘　歆	美　术　简　瑶
服　装　黄运兰	录　音　江　涛
道　具　童　涛	

二、制作滚动字幕

（1）新建项目，设置好参数（参考设置DV-PAL、标准48 Hz）。

（2）导入"模块四"/"任务五"中提供的素材"我的家乡"，拖动素材到"序列01"的"V1"中，修改其大小适配当前画面。

（3）单击"字幕"→"新建字幕"→"默认滚动字幕"菜单命令，弹出"新建字幕"对话框，在"名称"处输入"字幕01"，单击"确定"按钮，打开"字幕"窗口。如图4-47、图4-48所示。

图 4-47　新建滚动字幕

图 4-48　选择"默认滚动字幕"

（4）单击文字输入工具，复制片尾字幕文字到字幕框，设置字体为黑体，字体大小为30，颜色为白色，如图4-49所示。

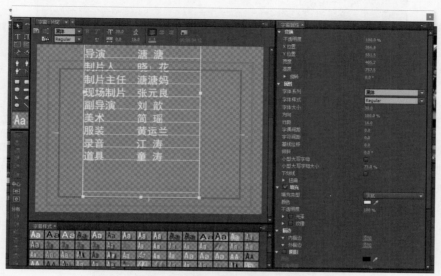

图 4-49 片尾字幕文字的字体设置

（5）单击"滚动/游动选项"工具 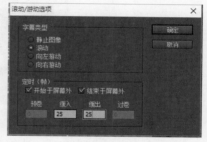，弹出"滚动/游动选项"对话框，如图4-50所示。

①设置"字幕类型"为滚动。

②"时间（帧）"为开始于屏幕外，结束于屏幕外。

③设置"缓入"的时间为25，"缓出"的时间为25。

图 4-50 "滚动 / 游动"选项设置

（6）单击"确定"按钮，关闭字幕窗口，文件自动保存到项目面板，如图4-51所示。

图 4-51 文件自动保存到项目面板

（7）拖动"滚动字幕"到"视频2"轨道，按空格键预览效果和速度，如图4-52所示。

图 4-52 拖动"滚动字幕"到"视频 2"轨道

（8）本案例的字幕滚动速度过快，就增加字幕在时间线上的时间，如图4-53所示。

图 4-53　增加字幕在时间线上的时间

（9）滚动字幕制作完成，浏览影片，保存项目。

三、制作"摆入"效果的滚动字幕

（1）重新拖动"我的家乡"素材到"序列02"的V1中，使用"剃刀工具"把"我的家乡"在末尾处剪辑成两段，并将后一段视频拖入"V2"轨道中，在第一段视频末尾处加上"摆入效果"，设置参数如图4-54所示。

图 4-54　使用"剃刀工具"

（2）为"V2"中的后一段视频素材的入点加入摆入效果，时间要一直持续到该段视频的末尾，这样才能做出"摆入"效果的片尾，参数如图4-55所示。

图 4-55　加入摆入效果

（3）拖动"片尾"字幕到"V3"中，如图4-56所示。

图 4-56　拖动"片尾"字幕到"V3"中

练习与思考：

完成《我的家乡》两种片尾效果的制作。

模块五
动画特效的制作

模块综述

    Adobe Premiere Pro CC能轻松地将图形图像、视频素材进行移动、旋转、缩放以及变形，通过关键帧形成动画，使静止的图形图像产生运动，并与视频剪辑有机结合，是影视制作中非常关键的技巧。

学习完本模块后，你将能够：

✛   了解视频运动特效的设置方法。

✛   掌握改变剪辑位置的方法和关键帧的基础设置。

✛   掌握添加旋转效果的方法和增加运动样式。

✛   掌握改变剪辑透明度的方法和渐变动画效果。

✛   掌握改变关键帧插值的方法，能融合运动特效。

✛   掌握缩放及旋转动画的制作方法和叠加多重动画。

✛   掌握运动动画的制作方法，能增加视频趣味性。

✛   掌握时间重映射的方法，使快慢回放更简单。

任务一

制作运动动画

◆ 任务概述

在 Premiere Pro CC 中，"效果控件"面板的功能更加丰富和完善。从 Premiere CS6 开始增设了"时间重映射"为固定效果。运动、透明度、时间重置和时间是任何视频剪辑共有的固定特效，位于 Premiere Pro CC 的"效果控制"面板中。选中"时间线"面板中的剪辑，打开"效果控制"面板，可以对运动、透明度、时间重置等属性进行设置，使用关键帧设置"运动"效果和"透明度"效果，还可以添加过渡效果。

"效果控件"面板显示了"时间线"窗口中选中的素材所有的特效，包括固有属性的关键帧动画（运动、透明度和时间重映射）以及添加的音视频效果，如图5-1所示。

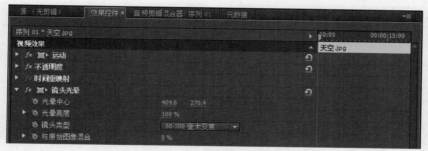

最终效果

图 5-1 "效果控件"面板

1.制作位移动画

（1）建立工程和序列，在时间线中添加"模块五"/"任务一"中提供的素材。

（2）打开"效果控件"中的"运动"选项，通过"位置"选项调整位移运动的初始位置，如图5-2所示。

图 5-2 调整位移运动的初始位置

　　用户也可以单击"运动"选项，在"节目"监视器中的图像会出现蓝色边框，拖动图像可以改变位置，如图5-3所示。

图 5-3　单击"运动"选项出现蓝色边框

　　（3）单击"位置"前的码表 ，添加关键帧，记录运动的初始位置，如图5-4所示。

图 5-4　添加关键帧

　　（4）拖动"时间线"上的指针，修改"位置"参数，软件会自动生成关键帧，如图5-5所示。

图 5-5　自动生成关键帧

（5）软件会在关键帧之间自动生成动画，按空格键或播放按钮▶即可查看效果。拖动"节目"监视器中运动曲线上的手柄，可以调整运动轨迹，如图5-6所示。

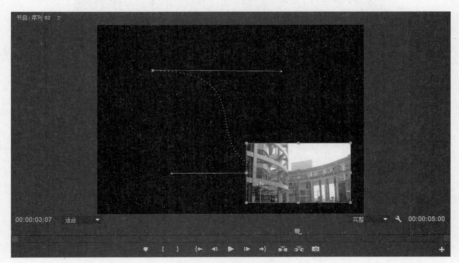

图 5-6　调整运动轨迹

2.制作旋转动画

（1）可以通过调整"锚点"选项的参数确定旋转中心点的位置，也可以单击"运动"，拖动"节目"监视器中的⊕，直接调整旋转中心，如图5-7所示。

图 5-7　调整旋转中心

（2）单击"效果控件"中"旋转"选项前的码表记录初始角度，如图5-8所示。

图 5-8　记录初始角度

（3）在新的时间点设置旋转结束时的角度，软件会自动在关键帧之间生成旋转动画，如图5-9所示。

图 5-9　设置旋转结束时的角度

（4）按空格键或点击播放按钮查看动画效果。角度的正负决定旋转的方向，旋转角度超过一周，软件会以"周数+角度"的方式记录，如图5-10所示。

图 5-10　查看动画效果

3.制作透明度变化动画

（1）选择"效果控件"中的"不透明度"选项，记录动画的初始状态。"不透明度"的码表默认状态是开启的，所以可以直接调整透明度数值，或者点击  直接添加关键帧，如图5-11所示。

图 5-11　调整透明度数值

（2）在新的时间点调整不透明度生成关键帧，即可完成动画制作，如图5-12所示。

图 5-12　查看动画效果

（3）透明度动画变化还可添加蒙版，通过 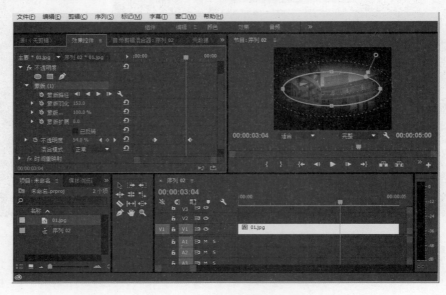 选择不同的蒙版形状，通过"混合模式"则可以选择和下方视频轨道的叠加方式，如图5-13、图5-14所示。

图 5-13　添加蒙版

图 5-14　混合模式

练习与思考：

（1）使用"模块五"/"任务一"中提供的素材制作位移动画。

（2）使用"模块五"/"任务一"中提供的素材制作旋转动画。

（3）使用"模块五"/"任务一"中提供的素材制作透明度动画。

任务二

制作美丽画册

◆ 任务概述

　　运动、模糊度与透明度特效三者有机融合，可以得到艺术感更强、画面更丰富的运动动画，在影视作品的制作中利用运动动画也可以制作出较好的片头效果，效果如图5-15所示。

最终效果

图 5-15　预览效果

　　（1）新建项目文件，并新建序列01。

　　（2）导入"模块五"/"任务二"中提供的素材文件夹"画册素材"，如图5-16所示。

图 5-16　导入"画册素材"

　　（3）拖动"模块五"/"任务二"中素材"背景"到"序列01"的V1轨道，调整素材"速度/持续时间"为40 s，修改素材为"缩放为帧大小"，拖动素材"1"到V2 轨道。调整素材"速度/持续时间"为8 s，修改素材为"缩放为帧大小"，如图5-17所示。

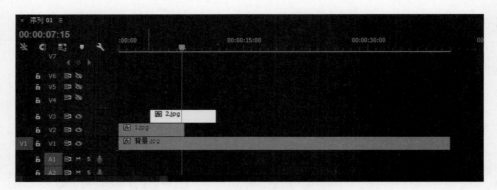

图 5-17　拖入并修改素材为"缩放为帧大小"

（4）制作关键帧动画。本案例的关键帧动画包括位置动画和缩放动画，效果是素材"1"从屏幕的最右边往最左边移动，移动到屏幕中间变大，再变回最初大小的关键帧动画。先制作位置动画。选中素材"1"后，移动时间线到"00：00：00：00"处，更改位置参数为"900，288"，让图片消失在屏幕的右边，单击位置前面的切换动画按钮，设置第一个关键帧。移动时间线到"00：00：08：00"处，更改参数值为"–200，288"，让图片消失在屏幕的左边，系统自动生成第二个关键帧。更改素材"1"缩放参数为"50%"。移动时间指针到中间任意位置可以观看效果，如图5-18所示。

图 5-18　预览效果

（5）制作素材"1"缩放关键帧。选中素材"1"后，在时间线中输入"220"（意味着220帧的时间线位置），单击缩放前面的切换动画按钮，设置第1个缩放关键帧。在移动时间线中输入"320"，更改参数值为"80%"，系统自动生成第2个关键帧。在时间线中输入"420"，更改参数值为50%。系统自动生成第3个关键帧。跳转关键帧的位置预览效果，如图5-19、图5-20所示。

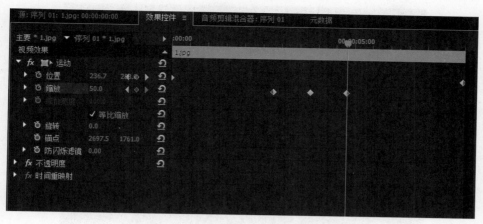

图 5-19　制作素材"1"缩放关键帧

图 5-20　预览效果

（6）制作连续图片变化效果的关键帧动画。先分析该关键帧动画的最终效果。图片之间以同样的速度从右往左移动，并且都经历了变大再变回原样的一个过程。分析出图片之间的间隔时间一致，位置参数和缩放参数大致一致。（为什么是大致一致，因为图片本身大小的差异，使得图片之间的参数有细微的变化，才能制作出一致感）。这里设置每张图片初始位置和结束位置一致。图片之间出现的间隔为320帧，缩放关键帧从每张图片的第220帧开始值为"50%"，到第320帧最大值为"80%"，第420帧还原值为"50%"。图片位置初始位置为"900，288"，结束位置为"–200，288"，初始缩放为50%，如图5-21所示。

图 5-21   预览效果

（7）制作素材"2"的位移动画。素材"1"缩放关键帧值为80%的关键帧位置，即为素材"2"位移出现的初始位置。在时间线窗口中输入"320"，拖动素材"2"到V3轨道，调整素材"速度/持续时间"为8 s，修改素材为"缩放为帧大小"，更改位置参数为"900，288"，让图片消失在屏幕的右边，单击位置前面的切换动画按钮 ，设置第一个关键帧。在时间线窗口中输入"1120"，更改参数值为"−200，288"，让图片消失在屏幕的左边，系统自动生成第二个关键帧。更改缩放参数为"50%"，移动时间指针到中间任意位置可以发现效果，如图5-22—图5-24所示。

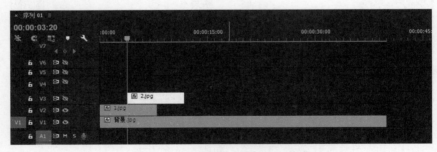

图 5-22   拖动素材"2"到 V3 轨道

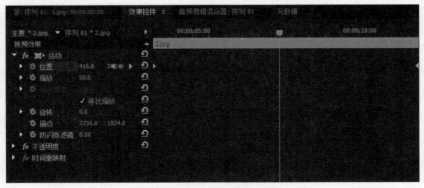

图 5-23   运动参数设置

图 5-24　预览效果

（8）制作素材"2"的缩放关键帧动画。为了与前面素材"1"的缩放关键帧动画节奏一致，需要在素材"2"的第220帧处开始设置缩放的关键帧，即在时间线窗口中输入"540"，单击缩放前面的切换动画按钮，设置第1个关键帧。在时间线窗口中输入"640"，更改参数值为"80%"，系统自动生成第2个关键帧。在时间线窗口中输入"740"，更改参数值为"50%"，系统自动生成第3个关键帧。移动时间指针预览效果，如图5-25、图5-26所示。

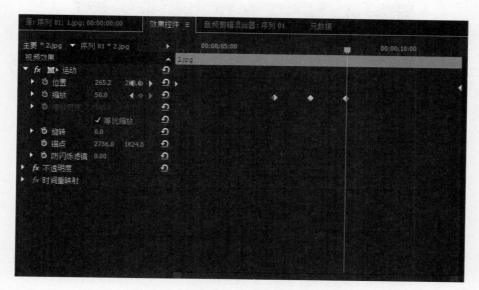

图 5-25　制作素材"2"的缩放关键帧动画

图 5-26 预览效果

（9）制作素材"3"的位移关键帧动画。素材"2"缩放关键帧值为80%位置，即为素材"2"位移出现的初始位置。在时间线窗口中输入"640"，拖动素材"3"到时间线"序列01"的V4轨道，调整素材"速度/持续时间"为8 s，修改素材为"缩放为帧大小"。选中素材，更改位置参数为"900，288"，让图片消失在屏幕的右边，单击位置前面的切换动画按钮 ，设置第一个关键帧。在时间线窗口中输入"1440"，更改参数值为"-200，288"，让它消失在屏幕的左边，系统自动生成第2个关键帧。更改缩放参数为"50%"。移动时间指针预览效果，如图5-27所示。

图 5-27 预览效果

（10）制作素材"3"的缩放关键帧动画。为了与前面素材"1""2""3"的关键帧动画节奏一致。在时间线窗口中输入"1035"，单击缩放前面的切换动画按钮 ，设置第1个关键帧。在时间线窗口中输入"1135"，更改参数值为"80%"，让它移动到屏幕的左边，系统自动生成第2个关键帧。在时间线窗口中输入"1235"，更改参数值为"50%"，让它移动到屏幕的左边，系统自动生成第3个关键帧。移动时间指针预览效果，如图5-28、图5-29所示。

图 5-28　制作素材"3"的缩放关键帧动画

图 5-29　预览效果

（11）接下来素材"4""5""6""7""8"的制作方法以及规律与前面三段素材一致，如图5-30所示。

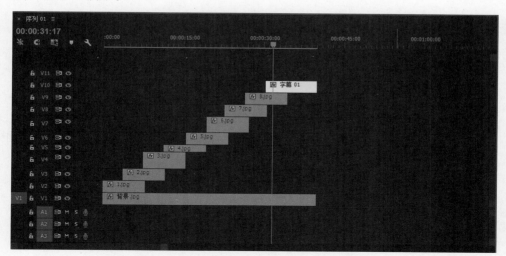

图 5-30　其他素材导入并设置参数

111

（12）添加字幕，根据前面的规则添加关键帧动画，如图 5-31 所示。

图 5-31　预览效果

练习与思考：

制作美丽画册的动画效果。

任务三

制作和平鸽飞来

◆ 任务概述

综合运用运动动画制作特效，为视频特效添加动画效果，简单的动作动画可以利用 Premiere Pro CC来实现，并不一定要使用专门的特效软件来实现，如图5-32、图5-33所示。

最终效果

图 5-32　预览效果 1　　　　　　　　图 5-33　预览效果 2

制作和平鸽飞来的动画，操作步骤如下：

（1）新建项目文件，并新建序列01。

（2）导入"模块五"/"任务三"中提供的素材"鸽子.psd"，需要选择"各个图层"，单击"确定"按钮后，项目文件面板中出现"鸽子"的文件夹，导入"模块五"/"任务三"中提供的其他素材，如图5-34、图5-35所示。

图 5-34　选择"各个图层"　　　　图 5-35　项目文件面板中出现"鸽子"的文件夹

（3）制作天空中太阳从右往左移动的效果。拖动"天空"素材到"序列01"的"V1"轨道中。单击右键，在弹出的快捷菜单中选择"缩放为帧大小"，让画面适合当前屏幕，如图5-36、图5-37所示。

图 5-36　选择"缩放为帧大小"　　　　图 5-37　预览效果

（4）设置其持续时间为 20 s，为其添加"视频特效"→"生成"→"镜头光晕"的视频特效，如图5-38、图5-39所示。

113

图 5-38　设置持续时间

图 5-39　"镜头光晕"视频特效设置参数

（5）在"效果控件"面板中可以看到"镜头光晕"的相关参数。要让光晕出现移动效果，需要添加关键帧动画。分析参数可以得出，位置移动就是由光晕中心决定的。移动时间线到"00：00：00：00"处，更改参数为"864，137"，单击光晕中心前面的切换动画按钮 ，设置第1个关键帧；移动时间线到"00：00：00：15"处，更改参数值为"126，127"，让它移动到屏幕的左边，系统自动生成第2个关键帧；如图5-40所示。

图 5-40　添加关键帧动画

（6）在节目监视器中预览效果，实现了太阳从右往左的移动，如图5-41、图5-42所示。

图 5-41　预览效果

图 5-42　预览效果

（7）制作白鸽飞翔的效果。新建时间线序列"鸽子"，移动项目面板中鸽子文件夹下的图层4、图层5、图层2分别到"V1""V2""V3"轨道中。注意鸽子的身体应该放在最上面的图层，如图5-43所示。

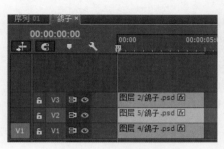

图 5-43 鸽子身体的图层

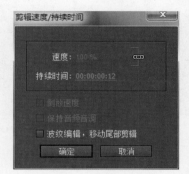

图 5-44 设置 3 个轨道的持续时间都为 12 帧

（8）设置3个轨道的持续时间都为12帧，如图5-44所示。

（9）开始制作鸽子舞动翅膀的关键帧动画。选中"V1"轨道的"图层4"，会在左侧"效果控制"面板出现图层4的所有的视频效果。展开"运动"选项，为其旋转项设置关键帧动画。移动时间线到"00：00：00：00"处，单击旋转前面的切换动画按钮 ，设置第1个关键帧；移动时间线到"00：00：00：03"处，更改参数值为"–10"，系统自动生成第2个关键帧；移动时间线到"00：00：00：06"处，更改参数值为"0"，系统自动生成第3个关键帧；移动时间线到"00：00：00：09"处，更改参数值为"–10"，系统自动生成第4个关键帧；移动时间线到"00：00：00：12"处，更改参数值为"0"，系统自动生成第5个关键帧；这样鸽子右边翅膀的舞动效果完成，如图5-45所示。

图 5-45 制作鸽子舞动翅膀的关键帧动画

（10）使用同样的方法，设置"V2"轨道的图层5旋转关键帧动画。其关键帧的时间是一致的，唯一不一致的是参数值在0与10之间切换。如图5-46所示。

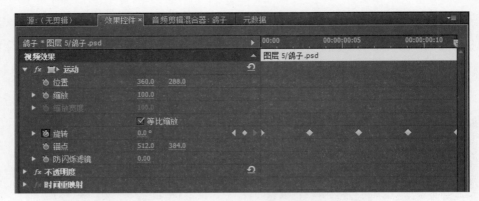

图 5-46　设置"V2"轨道的图层 5 旋转关键帧动画

（11）新建序列"鸽子飞翔"，用来制作连贯的鸽子飞翔的效果，如图5-47所示。

（12）根据作品时间长度的需要，拖动31次"鸽子"序列到"鸽子飞翔"序列的"V1"轨道，如图5-48所示。

图 5-47　新建序列"鸽子飞翔"

图 5-48　拖入 31 次"鸽子"序列

（13）拖动"鸽子飞翔"序列到"序列01"V2轨道中，观看鸽子飞翔的效果，如图5-49~图5-51所示。

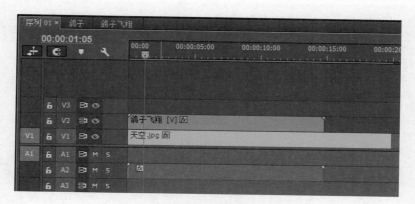

图 5-49 拖动"鸽子飞翔"序列

图 5-50 预览效果 1

图 5-51 预览效果 2

（14）制作鸽子从远处飞过来的位移动画。选中"鸽子飞翔"，在"效果控制"面板中设置位移关键帧动画。移动时间线到"00：00：12：00"处，单击位移和缩放前面的切换动画按钮 📷，设置第1组关键帧；移动时间线到"00：00：00：00"处，修改缩放值为"9"，位置参数为"645，115"，系统自动生成第2组关键帧，如图5-52、图5-53所示。

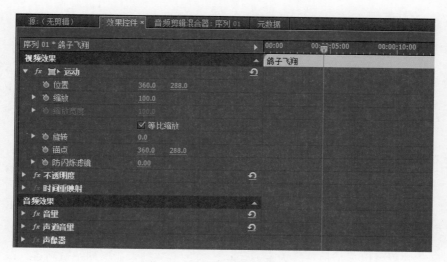

图 5-52 设置位移关键帧动画 1

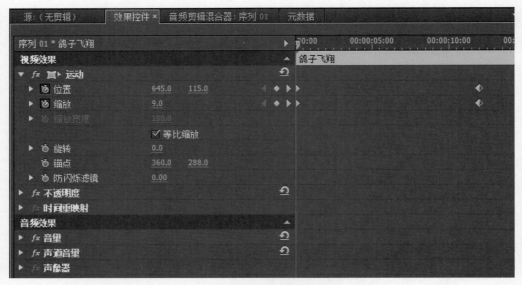

图 5-53　设置位移关键帧动画 2

（15）观看鸽子从远处飞过来的效果，如图5-54、图5-55所示。

图 5-54　预览效果

图 5-55　预览效果

练习与思考：

制作和平鸽飞来的动画效果。

任务四

NO.4

制作时间重映射效果

◆　任务概述

时间重映射可以通俗地理解为变速运动，通过增减帧来让序列帧重新排列改变播放速度，在单个剪辑中实现快动作和慢动作效果，如图5-56所示。

图 5-56 时间重映射

一、实现快放与慢放

（1）单击"效果控件""时间重映射""速度"前的码表，点击 ◀ ◇ ▶ 添加关键帧，在时间轴中选取变速区域。用户还可以点击 ▼，通过按住"Ctrl"键，点击鼠标左键的方式添加关键帧，如图5-57所示。

图 5-57 添加关键帧

（2）上下拖动关键帧之间的区域就可以实现变速运动，向上拖动实现加速，向下拖动实现减速。这会改变该剪辑片段的时间长度，如图5-58所示。

图 5-58　上下拖动关键帧之间的区域

（3）左键拖动关键帧，关键帧会分为两个部分，用以实现变速运动的平滑效果，如图5-59所示。

图 5-59　变速运动的平滑效果

二、实现倒放效果

（1）按下"时间重映射"前的码表，在需要倒放效果的位置处添加关键帧，如图5-60所示。

图 5-60　在需要倒放效果的位置处添加关键帧

（2）按住"Ctrl"键，用鼠标左键拖动关键帧，关键帧会分裂成3个，其中显示 的
区域即是倒放效果，如图5-61所示。

图 5-61　倒放效果

三、实现定帧效果

（1）按下"时间重映射"前的码表，在需要制作定帧效果的位置处添加关键帧，如
图5-62所示。

图 5-62　在需要制作定帧效果的位置处添加关键帧

（2）按住"Ctrl""Alt"键，使用鼠标左键拖动关键帧，█▌标示出来的即是定帧效果的区域，如图5-63所示。

图 5-63　定帧效果

练习与思考：

（1）使用提供的素材制作变速运动。

（2）使用提供的素材制作倒放效果。

（3）使用提供的素材制作定帧效果。

模块六
视频特效的处理与应用

模块综述

    视频特效的运用在影视作品制作中是非常重要的环节，Premiere Pro CC 提供了大量的视频特效。每种音频特效的用处各不相同，掌握了常用调色、模糊、镜像等特效使用的原理，在以后的特效运用中就可以举一反三。

学习完本模块后，你将能够：

✛   掌握调整素材的颜色的方法，调出好颜色。

✛   掌握变换素材颜色的方法，颜色随心换。

✛   掌握镜像特效的使用方法。

✛   掌握马赛克特效的使用方法。

✛   掌握模糊特效的使用方法，呈现朦胧的美。

✛   掌握黑白特效的使用方法。

制作水墨画效果

水墨画效果

◆ 任务概述

在影视画面中，水墨画常用于表现影片意境，传达主题思想，确定影片风格。我们通过摄像机可以拍摄出色彩丰富的画面，那如何将彩色画面变为水墨画效果？本任务将通过《水墨画》的制作，一起学习Premiere相关的特效知识，如图6-1所示。

制作水墨画效果主要是处理彩色"画"素材，把"黑白""查找边缘""高斯模糊"等特效添加在

图 6-1   《水墨画》预览效果

素材上，最后形成水墨画的效果。"书法"素材起辅助作用，只是让画面看起来更真实、更有说服力。将两个素材通过特效的添加与轨道的混合，将使画面达到一种完美的状态。

一、创建序列

启动Adobe Premiere Pro CC，创建项目、序列名称均为"制作水墨画效果"，项目时长15 s，帧大小为720×576，PAL制。

二、制作水墨画效果

（1）导入"模块六"/"任务一"中提供的素材，将"书法.jpg"拖动到"时间轴"的"V1"轨道中，如图6-2所示。

图 6-2   导入"模块六"/"任务一"中提供的素材

（2）将"画.jpg"拖动到"V2"轨道中，为其添加"黑白"特效，达到去色目的；中国的写意水墨大多是黑白的，所以要将彩色素材转为黑白。将"黑白"特效拖放到素材上，即可以使彩色变为黑白，如图6-3、图6-4所示。

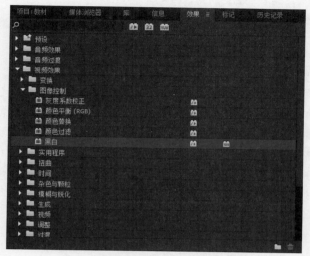

图 6-3　添加"黑白"特效

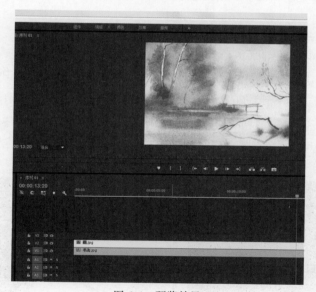

图 6-4　预览效果

<table>

知识窗

　　黑白特效可以将彩色图像转换成黑白图像，该特效没有可调整的参数。除此之外，下面还有几种关于画面色彩的特效：

　　（1）灰度系数（Gramma）

　　●校正：该特效可以通过改变图像中间色调的亮度，实现在不改变图像高亮区域和低暗区域的情况下，让图像变得更明亮或更暗。

（2）色彩传递：该特效可以将图像中指定颜色保留，而其他颜色转化成灰度效果。

素材示例：将鼠标移动到图像中，用吸管点击吸取要过滤的颜色。

输出示例：修改后的最终效果。

颜色：用来设置要保留的颜色值。

相似性：设置颜色的容差值，值越大，颜色选择的范围也就越大。

反相：勾选该复选框，将保留的颜色进行反转。

（3）颜色平衡

RGB：该特效可以通过对图像中的红色、绿色和蓝色的调整来改变图像色彩。

红色：用来调整图像中红色所占的比例。正值红色加深，负值红色降低。

绿色：用来调整图像中绿色所占的比例。正值绿色加深，负值绿色降低。

蓝色：用来调整图像中蓝色所占的比例。正值蓝色加深，负值蓝色降低。

（4）色彩替换：该特效可以将图像中指定的颜色替换成其他的颜色效果。

目标颜色：用来设置要进行替换的颜色，也可以从"节目监视器"窗口中单击吸取。

替换颜色：设置替换的颜色，可以单击颜色块修改，也可以从"节目监视器"窗口中吸取修改。

相似性：设置颜色的容差值，值越大，颜色选择的范围也就越大。

纯色：勾选该复选框，替换后的颜色将以纯色显示。

（3）为"画.jpg"添加"查找边缘"特效，描出图像轮廓；"查找边缘"特效是制作水墨效果的关键，Premiere中的"查找边缘"非常适合应用在准备制作绘画效果的素材中。它要求原始素材具有较强的反差，这样比较容易制作出水墨晕染的效果。"查找边缘"特效没有太多的设置，只需要更改"与原始图像混合"选项，就可以产生丰富的视觉效果。如图6-5、图6-6所示。

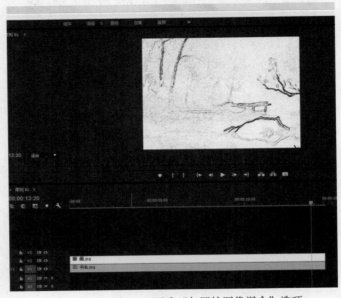

图 6-5　更改"与原始图像混合"选项

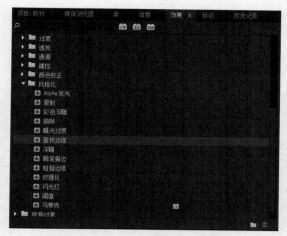

图 6-6　添加"查找边缘"特效

知识窗

　　查找边缘：该特效可以对图像的边缘进行勾勒，从而使图像产生类似素描或底片的效果。

　　反转：将当前的颜色转换成其补色反相效果。

　　与原始图像混合：设置描边效果与原始素材的融合程度。"与原始图像混合"选项中的数值范围为0～100，它的特性是：数值越小，边缘线越清晰；数值越大，边缘线越模糊。当数值为0～100时，则出现边缘细节与原始图像共存的效果。因此，当使用"查找边缘"特效时，应根据要求和想法改变"与原始图像混合"的数值即可。假设把数值设置为75，效果如图6-7、图6-8所示。

图 6-7　预览效果

图 6-8　"与原始图像混合"设置为 75

（4）再次把"画.jpg"放到"V3"轨道中，用"黑白"特效去色；使用"亮度与对比度"特效，使细节进一步表现出来，具体设置：亮度值为25，对比度值为–10；更改混合模式为"线性加深"，使两个轨道充分混合，效果如图6-9—图6-11所示。

图 6-9　使两个轨道充分混合

图 6-10　使用"亮度与对比度"特效　　　图 6-11　更改混合模式为"线性加深"

（5）添加高斯模糊，使画面有晕染的效果。

"高斯模糊"特效也是水墨效果制作的关键，"高斯模糊"能使画面产生水墨晕开的效果。模糊度的数值范围为0～30 000，数值越小，模糊度越低；数值越大，模糊度越高。假设模糊度为60时，达到了预想的效果，如图6-12、图6-13所示。

图 6-12　"高斯模糊"特效预览效果

图 6-13　设置模糊度的数值范围为60

（6）在"V2"轨道中"画.jpg"添加高斯模糊，设置模糊度为10，使景物边缘更加柔和；设置"不透明度"数值为50%，混合模式为线性加深，把纹理表现出来，画面会更具真实感，如图6-14、图6-15所示。

图 6-14 预览效果

图 6-15 特效设置参数

知识窗

●混合模式：设置与原图像间的混合模式，与Photoshop层的混合模式用法相同。

●与原始图像混合：设置混合特效与原图像间的混合比例，值越大越接近原图。

（7）设置"V1"轨道中"书法.jpg"的"不透明度"数值为50%，提高画面的亮度，并适当调整"书法.jpg"的大小，尽量贴合画面，效果如图6-16、图6-17所示。

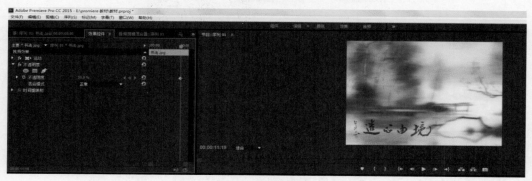

图 6-16 预览效果

（8）为"V1"轨道中"书法.jpg"添加黑白效果。至此，用Premiere制作写意水墨效果全部完成，最终效果如图6-18所示。

图 6-17　设置"不透明度"数值为 50%

图 6-18　最终效果

练习与思考：

完成《水墨画效果》制作。

任务二

使用模糊特效

使用模糊特效

◆ 任务概述

视频中往往需要用模糊画面来表现意境，传递人物情感，丰富画面表达方式，任务一通过高斯模糊来表现水墨画的朦胧感。在Premiere Pro CC中还有很多模糊效果表达不同的画面效果，比如在汽车飞驰、人物奔跑时会产生因速度过快的模糊效果，我们通过用一组运动画面来制作运动模糊效果，同时学习Premiere Pro CC相关的模糊特效，如图6-19所示。

图 6-19　预览效果

制作运动模糊效果主要在于模糊方向和长度的设置，同时会运用到快速模糊、高斯模糊，通过模糊参数的设置，实现运动画面的模糊。

（1）新建项目，输入名称"使用模糊效果"，确定新建，如图6-20所示。

图 6-20　新建项目

（2）右键单击项目栏空白处，之后在弹出的快捷菜单栏中打开"剪辑新建序列"一栏，新建序列结束之后使用鼠标点击界面左上角的"文件"按钮，进入图6-21所示的菜单栏，然后单击下方的"导入"一栏，或者双击项目栏空白处导入视频。

图 6-21　导入视频

（3）成功导入了视频文件之后，接着使用鼠标将视频文件拖入"V1"视频编辑轨道中，如图6-22所示。

图 6-22　将视频文件拖入"V1"视频编辑轨道

（4）完成之后首先在下方找到"视频轨道"的设置区域，单击上方的"效果"栏，然后找到效果编辑中的"模糊与锐化"，最后将它设置为"高斯模糊"即可，如图6-23所示。

图 6-23　方向模糊

（5）设置成功之后，在左侧的设置区域中可以设置模糊参数，可以根据需要一边设置一边预览添加的效果。本案例，参数设置方向为90°，模糊长度为10，还可以根据需要尝试添加"高斯模糊""快速模糊"等效果，如图6-24、图6-25所示。

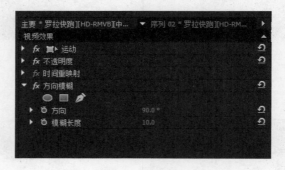

图 6-24　设置参数

图 6-25　预览效果

（6）最后使用鼠标点击左上角"文件"中的"导出"就可以保存文件了。

知识窗

模糊特效中还有其他几种类型：

（1）快速模糊特效

快速模糊特效可以产生比高斯模糊更快的模糊效果。

●模糊量：用于调整模糊的程度。值越大，模糊程度也就越大。

●模糊方向：用来设置模糊的方向。可以从下拉菜单中选择水平和垂直方向上的模糊。

●重复边缘像素：勾选左侧的复选框，可以排除图像边缘模糊。

（2）摄像机模糊特效

摄像机模糊特效可以模拟一个摄像机镜头变焦时所产生的模糊效果。

●模糊百分比：用来调整镜头模糊的百分比数量，值越大，图像就越模糊。

（3）方向模糊特效

方向模糊特效可以指定一个方向，并使图像按指定的方向进行模糊处理，以产生一种运动的效果。

●方向：用来设置模糊的方向。

●模糊长度：用来调整模糊的大小程度。值越大，模糊的程度也越大。

（4）残像特效

残像特效可以将前面几帧画面变成透明度渐小的画面，并将它们叠加到当前帧上，形成一种残像的效果。该特效只能应用在动态的素材图像上，才能产生效果。该特效没有可调整的参数，如果想让画面产生更多的残像，可以多次使用该特效。

（5）消除锯齿特效

消除锯齿特效主要是对图像中对比度较大的颜色做平滑过渡处理，通过减少相邻像素间的对比度使图像变得柔和。该特效没有可调整的参数，如果想使画面更加平滑，可以多次使用该特效。

（6）混合模糊特效

混合模糊特效可以根据时间线指定轨道上的图像素材设置模糊效果。

●模糊图层：可从右侧的下拉菜单中选择进行模糊的对应视频轨道，以进行模糊处理。

●最大模糊：用来调整模糊的程度。值越大，模糊程度也越大。

●如果图像大小不同：如果图层的尺寸不相同，勾选"伸展图层以适配"复选框，将自动调整图像到合适的大小。

●反相模糊：勾选该复选框，将模糊效果反相处理。

（7）通道模糊特效

通道模糊特效可以分别对图像的几个通道进行模糊处理。

●红、绿、蓝、Alpha模糊度：用来对红、绿、蓝、Alpha这几个通道进行模糊处理。

●边缘特性：勾选其右侧的"重复边缘像素"复选框，可以排除图像边缘模糊。

●模糊方向：用来设置模糊的方向，可以从下拉菜单中水平和垂直方向上的模糊。

练习与思考：

完成使用模糊特效的制作。

任务三

使用镜像特效

使用镜像效果

◆ 任务概述

在影片中，常能看到照镜子／水中倒影等画面，类似的画面可以通过 Premiere Pro CC 的特效制作得到。图6-26中如何使用镜像效果做出水中倒影呢？今天，我们一起通过制作山水画倒影，学习特效制作中的镜像效果。

图 6-26　预览效果

山水画倒影主要体现在山倒影在水中，因此，需要对同一素材"山"放至不同的轨道，对其中一轨道中的素材"山"进行裁剪和设置不透明度；然后将两个轨道的素材"山"结合起来使用镜像特效。这样做可以使镜像效果更加自然贴切。

一、创建序列

在项目栏里新建"使用镜像效果"序列，命名为"水中倒影"，如图6-27所示。

删除预设

序列名称：使用镜像效果（水中倒影）

确定　　取消

图 6-27　新建"使用镜像效果"序列

二、制作山水倒影

（1）导入"模块六"／"任务三"中素材"山"，将"山"分别拖拽到视频V1和视频V2轨道中，并设置它们的缩放比例参数，使它们处于满屏状态，如图6-28所示。

图 6-28 将"山"分别拖拽到视频 V1 和视频 V2 轨道中

（2）单击视频V1轨道前面的眼睛图标，使轨道V1中的"山"素材隐藏起来，然后在效果面板中拖拽"视频特效"→"变换"→"裁剪特效"到视频V2轨道的素材。选中视频V2的素材，打开"特效控制"面板，设置裁剪特效的参数，如图6-29所示。

图 6-29 设置裁剪特效的参数

知识窗

●裁剪：该特效根据指定的数值对图像进行修剪，但裁剪可以使剪切后的图像进行放大处理。

●左侧、顶部、右侧、底部：分别指图像左、上、右、下4个边界，用来设置4个边界的裁剪程度。

●缩放：勾选该复选框，在裁剪时将同时对图像进行缩放处理。

（3）将视频V2轨道中素材的不透明度参数设置为60，此时节目面板的效果如图6-30、图6-31所示。其目的是让后面做的镜像效果更好地融入环境中，达到逼真的效果。

图 6-30 不透明度参数设置为 60

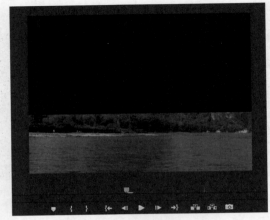

图 6-31   预览效果

（4）单击视频V1轨道前面的眼睛图标，使视频V1轨道中的素材显示出来，然后拖拽效果面板中的视频效果→"扭曲"→"镜像"到视频V1轨道的素材上，如图6-32、图6-33所示。

图 6-32   显示视频 V1 轨道中的素材   图 6-33   视频效果→"扭曲"→"镜像"

（5）选中此轨道的素材，打开"特效控制"面板，设置镜像的参数，如图6-34所示。

图 6-34   设置镜像的参数

知识窗

镜像：该特效可以按照指定的方向和角度将图像沿一条直线分割为两部分，制作出镜像效果。

● 反射中心：用来调整反射中心点的坐标位置。

● 反射角度：用来调整反射角度。

（6）按空格键，在节目面板中预览最终效果，如图6-35所示。

图 6-35　预览效果

练习与思考：

完成水中倒影效果的制作。

任务四

添加动态马赛克

动态马赛克

◆ 任务概述

在运动画面中，如果需要对一处画面打马赛克，此马赛克必须也是运动着的，称为动态马赛克。动态马赛克常用在人物采访时不被认出，对人物面部添加马赛克并作跟踪移动的效果。如何使用Premiere给视频添加动态马赛克呢？本案例图6-36是一个推镜头，通过图6-36、图6-37动态马赛克的变化，让我们一起来学习如何制作动态马赛克的效果吧！

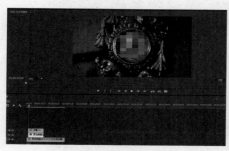

图 6-36　预览效果 1

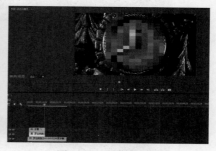

图 6-37　预览效果 2

动态马赛克其作用是遮罩，首先利用一个字幕图层，运用轨道遮罩的方式，再运用运动关键帧追寻需要打马赛克的运动区域，从而实现动态遮罩效果。

（1）新建序列，在"项目"窗口单击鼠标右键，或双击鼠标左键导入视频，然后将"模块六"/"任务四"中素材拖曳到轨道V1上，如图6-38所示。

图6-38　将素材拖曳到轨道V1上

（2）找到要打马赛克的时间段，将其复制一份到轨道V1中原视频的上方，如图6-39所示。注意：这段素材一定要与原视频时间线相吻合。

（3）新建一个字幕图层，并且根据需要画出一个圆圈，刚好遮住素材中钟表的表面，如图6-40、图6-41所示。

图 6-39　复制一份到轨道 V1 中原视频的上方

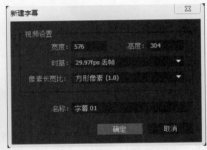

图 6-40　新建一个字幕图层

图 6-41　遮住素材中钟表的表面

（4）将新建的字幕拖动到要添加动态马赛克素材视频的对应位置，时间长短与素材长短相同，如图6-42所示。

图 6-42 将新建字幕拖动到对应位置

（5）根据自己的要求给字幕的位置和缩放建立关键帧路径，使字幕层按照运动镜头中钟表面的大小动态地变化，一直遮住钟表面，如图6-43—图6-45所示。

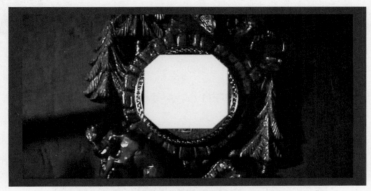

图 6-43 预览效果

图 6-44 给字幕的位置和缩放建立关键帧路径

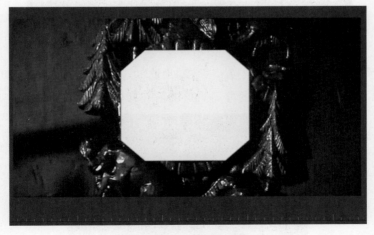

图 6-45 预览效果

（6）在效果窗口里找到"视频效果"→"风格化"→"马赛克"，拖动马赛克特效到视频V2轨道的视频素材上，如图6-46所示。

图 6-46　马赛克特效的位置

知识窗

马赛克特效可以将画面分成若干网格，每一格都用本格内所有颜色的平均色进行填充，画面产生分块式的马赛克效果。

●水平块：设置水平方向上马赛克的数量。

●垂直块：设置垂直方向上马赛克的数量。

●锐化颜色：勾选该复选框，对马赛克进行锐化处理，将会使画面效果变得更加清楚。

（7）马赛克特效的参数根据需要可以在效果控件窗口中调试，如图6-47、图6-48所示。

图 6-47　马赛克特效的参数

图 6-48　预览效果

（8）找到"视频效果"→"键控"→"轨道遮罩"键，将轨道遮罩拖动到视频V2轨道上的视频素材中，将遮罩属性选择字幕轨道视频V3即可，如图6-49—图6-51所示。

图 6-49　轨道遮罩特效的位置

图 6-50 轨道遮罩设置参数

图 6-51 预览效果

知识窗

遮罩特效通过视频轨道和通道模式的应用，改变图像的色彩。

●从图层获取遮罩：用于选择一个调整的轨道层。

●用于遮罩：选择用于调整的通道。

●反相遮罩：反转调整效果。

●如果图层大小不同：如果另一层与原图像大小不适合，勾选"伸展遮罩以适配"复选框，可以将另一层拉伸对齐。

（9）按下空格键播放最终的效果如图6-52、图6-53所示。

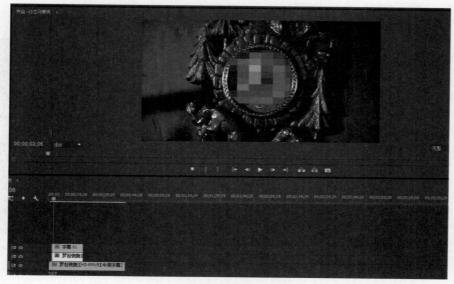

图 6-52 最终的效果

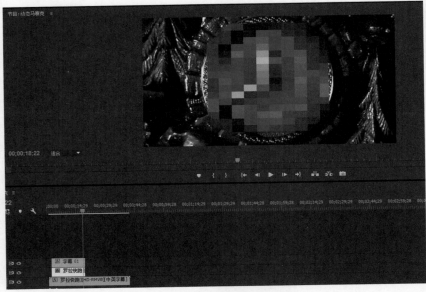

图 6-53　最终效果

练习与思考：

制作动态马赛克效果。

校正素材颜色

任务五

校正素材颜色

◆ 任务概述

　　在视频制作中，往往会有一些素材的颜色不符合视频的整体色调，或者视频需要用不同色调表现画面的效果，这时需要在Premiere中进行颜色校正。本任务将介绍对视频素材进行艺术调色，主要是通过对素材的曝光、白平衡和对比度等进行操作来对视频素材进行颜色校正，使视频素材的色调统一、营造更好的艺术效果。

最终效果

　　通过本任务的训练学会运用Adobe Premiere CC软件的lumetri color面板中的各个参数进行视频调色。

　　（1）在项目窗口导入视频素材，如图6-54所示。

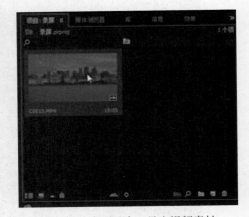

图 6-54　在项目窗口导入视频素材

（2）按住素材拖到时间轴上创建序列，如图6-55所示。

图 6-55　按住素材拖到时间轴上创建序列

（3）在Lumetri Color的基本校正中修改视频白平衡，如图6-56所示。

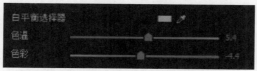

图 6-56　修改视频白平衡

知识窗

　　白平衡是实现摄像机图像能精确反映被摄物的色彩状况，有手动白平衡和自动白平衡等方式。许多人在使用数码摄像机拍摄的时候都会遇到这样的问题：在日光灯的房间里拍摄的影像会显得发绿，在室内钨丝灯光下拍摄出来的景物就会偏黄，而在日光阴影处拍摄到的照片则会偏蓝，其原因就在于白平衡的设置上。

　　（4）在色调中调整视频曝光对比度等参数如图6-57所示，观看Lumtri示波器来客观评价曝光准确值，如图6-58所示。

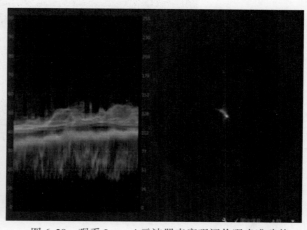

图 6-57　调整视频曝光对比度等参数　　　　图 6-58　观看 Lumtri 示波器来客观评价曝光准确值

知识窗

矢量示波器 HLS：一目了然地显示色相、饱和度、亮度和信号信息，如图6-59所示。

图 6-59　矢量示波器 HLS

矢量示波器 YUV：显示一个圆形图（类似于色轮），用于显示视频的色度信息，如图6-60所示。

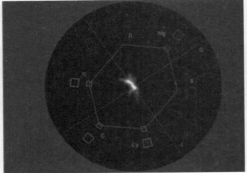

图 6-60　矢量示波器 YUV

直方图：显示每个颜色强度级别上像素密度的统计分析，如图6-61所示。

图 6-61　直方图

直方图可以帮助用户准确评估阴影、中间调和高光，并调整总体的图像色调等级。

●分量：显示表示数字视频信号中的明亮度和色差通道级别的波形。可以从 RGB、YUV、

RGB-白色和 YUV-白色分量类型中进行选择。

例如，如果习惯查看 YUV 波形，在调整颜色和明亮度时，则可以使用 YUV 分量范围。另外，如果要比较红色、绿色和蓝色通道之间的关系，可使用 RGB 分量示波器，它显示代表红色、绿色和蓝色通道级别的波形。

●波形：可以从下列可用的波形范围中进行选择：

RGB 波形：显示被覆盖的 RGB 信号，以提供所有颜色通道的信号级别的快照视图，如图6-62所示。

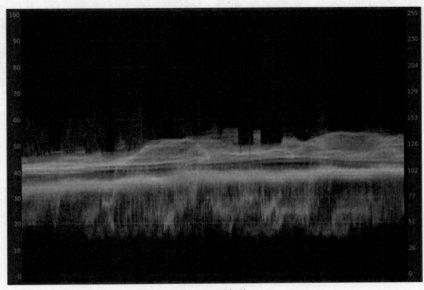

图 6-62 波形

亮度波形：显示介于 −20 ～120 的 IRE 值，可有效地分析镜头的亮度并测量对比度比率，如图6-63所示。

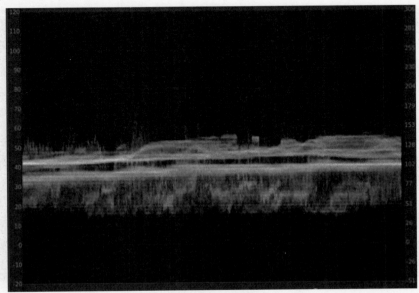

图 6-63 亮度波形

YC 波形：显示剪辑中的明亮度（在波形中表示为绿色）和色度（表示为蓝色）值，如图 6-64所示。

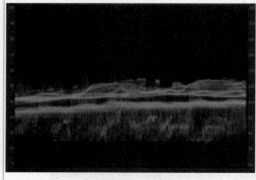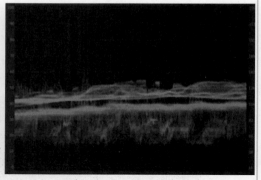

图 6-64　YC 波形　　　　　　　　　　　　图 6-65　YC 无色度波形

YC 无色度波形：仅显示剪辑中的明亮度值，如图6-65所示。

亮度可以从下列可用的亮度设置中进行选择：

明亮 = 125%

正常 = 100%

暗淡 = 50%

（5）在Lumetri Color中打开创意栏，在Look中单击"浏览"，找到Log预设，如图 6-66所示，使用该预设，如图6-67所示。

图 6-66　找到 Log 预设

图 6-67 使用 Log 预设后的效果

知识窗

　　Log 格式是由 Hurter 和 Driffield 在1890年发明的基于光密度法的胶片成像原理，当时的曲线名就叫D&H曲线，它绘制了曝光量在横轴上的对数分布，而光密度的变化量在纵轴上表达。曲线为非线性曲线，曲线特征为 Log 函数，所以也称LogE曲线。现在各数字摄影机厂商，都将 Log 函数曲线的记录方式应用在了各自的摄影机之中。由于各个品牌的技术差异，其拍摄视频的 Log 函数曲线、色域范围都不尽相同。

（6）在创意下面调整Log预设强度，如图6-68所示。

图 6-68 调整 Log 预设强度

友情提示

在基本校正里也可以设置Log预设，但是在创意中能够更好地调整预设强度。

（7）在调整中调整锐化和自然饱和度，如图6-69所示。

图 6-69　调整锐化和自然饱和度

锐化前如图6-70所示。

图 6-70　锐化前的效果

锐化后如图6-71所示。

图 6-71 锐化后的效果

调整饱和度前如图6-72所示。

图 6-72 调整饱和度前的效果

调整饱和度后如图6-73所示。

图 6-73　调整饱和度后的效果

（8）将色盘中高光色彩向暖色调调整，阴影部向冷色调调整，如图6-74所示。

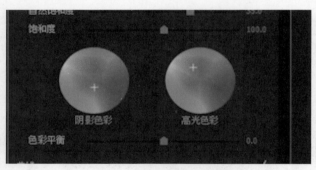

图 6-74　色盘中高光色彩调整

（9）打开曲线菜单，使用rgb曲线，使亮部更亮，暗部更暗，如图6-75所示。

图 6-75　使用 rgb 曲线

（10）打开HSL辅助，打开下拉菜单，设置颜色取天空的颜色，如图6-76所示，然后单击添加颜色，也选用天空的颜色，如图6-77所示。

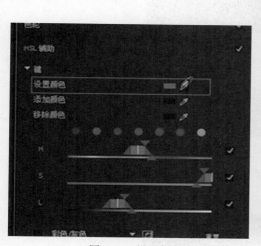

图 6-76　设置颜色

图 6-77　添加颜色

（11）单击彩色/灰边的按钮，能够更清楚地看清选用的区域，如图6-78所示。

图 6-78　单击彩色/灰边的按钮

（12）调整色彩范围，如图6-79所示。

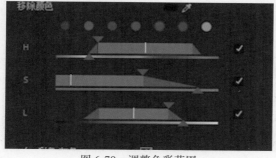

图 6-79　调整色彩范围

（13）在优化中调整降噪，添加少许模糊，如图6-80所示。

图 6-80　在优化中调整降噪

（14）在更正中将色温调整为暖色调，向右添加少许色彩，如图6-81所示。

图 6-81　在更正中将色温调整为暖色调

（15）打开"晕影"菜单，将数量改为"-0.5"，中点改为"38"，圆度改为"38"，加点羽化，如图6-82所示。

图 6-82　"晕影"设置参数

（16）完成制作，输出成片。

练习与思考：

1.练习使用Lumetri Color面板中的各个参数进行视频调色。

2.根据提供的素材制作视频。

任务六

NO.6

去除视频水印

◆ 任务概述

在制作视频时，有些视频带有一些水印和Logo。在编辑这些素材时非常影响美观，如何去除视频中的水印效果呢？本任务将介绍两处方法去除水印，如图6-83所示。

最终效果

图 6-83　效果预览

若要去除素材中的水印，首先可以复制一层同样的素材，在此素材上剪裁所需部分并放在原素材有水印的位置；然后可以通过模糊处理来实现水印的去除。另外，还可以通过剪裁后设置运动效果来调整去除水印。下面，分别用两种方法来去除素材中的水印。

方法一：

（1）导入"模块六/任务六"带有水印的视频素材，如图6-84所示。

图6-84　导入"模块六/任务六"带有水印的视频素材

（2）按住Alt键，拖动需要编辑的视频，复制一层，放在视频轨道V2上，如图6-85所示。

图6-85　复制一层，放在视频轨道V2上

（3）在左下边的效果栏里选择"效果"→"视频效果"→"变换"→"裁剪"，并将其拖到视频V2轨道上，如图6-86所示。

图6-86　将"裁剪"拖到视频V2轨道上

（4）单击眼睛图标，隐藏视频V1轨道，调整裁剪参数，使之大小刚好符合水印的大小，如图6-87—图6-89所示。

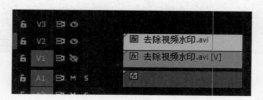

图6-87　隐藏视频V1轨道

图 6-88　调整裁剪参数

图 6-89　使之大小刚好符合水印的大小

（5）随后给视频轨道V2上的素材添加高斯模糊特效，单击"效果"→"视频效果"→"模糊与锐化"→"高斯模糊"，如图6-90所示。

图 6-90　给视频轨道 V2 上的素材添加高斯模糊特效

（6）打开特效控制台，调整参数，如图6-91所示。

图 6-91　调整高斯模糊参数

（7）单击轨道V1的小眼睛图标，打开刚才隐藏的视频轨道V1内容，整段视频素材就成功地去除了水印，如图6-92所示。

图 6-92　预览效果

方法二：用方法一去除水印，在视频素材上会留下原来的痕迹，或多或少地影响美观。如果要彻底去除，也可以利用裁剪的方式去除水印。

（1）不用复制视频素材，直接在水印素材上添加裁剪效果，如图6-93、图6-94所示。

图 6-93　在水印素材上添加裁剪效果

图 6-94　裁剪效果

（2）调整参数，直接将带有水印的画面裁剪掉，如图6-95所示。

图 6-95　调整参数

（3）此时的效果如图6-96所示。

图 6-96　效果预览

（4）可以看到，此时画面上端黑框较多，比例不协调，可以利用运动效果进行调整，如图6-97所示。

▼ *fx* ▣▶ 运动
ᵔ 位置　　　　　　　　360.0　　214.0
▶ ᵔ 缩放　　　　　　　　100.0

图 6-97　运动效果参数调整

（5）最终达到去除水印的效果，如图6-98所示。

图 6-98　效果预览

练习与思考：

去除"模块六"/"任务六"素材中的水印。

模块七
音乐编辑合成

模块综述

　　音乐让影视作品飞翔。声音的运用在影视作品中是非常重要的一部分，Premiere Pro CC提供了音频特效。每种音频特效的用处各不相同，掌握了常用特效使用的原理，在以后的特效运用中就可以举一反三。

学习完本模块后，你将能够：

⊕　掌握利用Premiere录歌的方法。

⊕　掌握制作卡拉OK音效的方法，能制作伴唱效果。

⊕　掌握片头音乐合成的方法，能合成美妙的旋律。

任务一

NO.1

录 歌

◆ 任务概述

　　电视是一门视听艺术，视觉艺术主要由画面来表现，听觉艺术则主要靠声音来实现。而Premiere除了可以制作这类画面的效果外，还可以对声音进行加工和处理。录歌时可以通过Premiere将自己原创的声音、音乐进行加工，从而与相应的画面结合在一起。下面通过对《国歌》的录制，来学习如何使用Premiere录歌，如图7-1所示。

图 7-1　效果预览

图 7-2　新建项目与序列

　　在网上下载国歌的伴奏后，导入Premiere并拖入单独的音频轨道，开启音频硬件设置，设置好参数后再使用麦克风进行歌声的录制。如果录音不需要伴奏，则直接开启音频硬件设置后录音。

　　（1）连接上麦克风，新建项目与序列，如图7-2所示。

　　（2）导入"模块七"/"任务一"中伴奏视音频素材，拖拽到视音频轨道A1，如图7-3、图7-4所示。

图 7-3　导入伴奏视音频素材

图 7-4　拖拽到视音频轨道 A1

　　（3）选择"编辑"→"首选项"中开启音频硬件，设置如图7-5所示。

图 7-5　选择"编辑"→"首选项"中开启音频硬件

（4）完成音频硬件设置，如图7-6所示。

图 7-6　音频硬件设置

（5）选择"窗口"→"工作区"→"音频"，如图7-7所示。

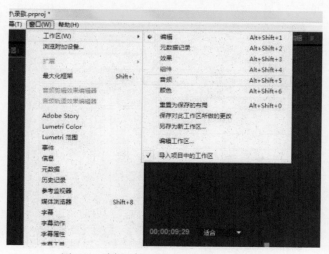

图 7-7　选择"窗口"→"工作区"→"音频"

（6）此时轨道A1为伴奏音乐，点击轨道A2的"R"键，变为红色，激活音频录制轨道，如图7-8所示。

图 7-8　点击轨道 A2 的"R"键

（7）单击"录制"按钮，然后再点击三角播放键，开始录制，如图7-9—图7-11所示。

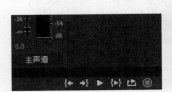

图 7-9　单击"录制"按钮　　　　图 7-10　点击三角播放键

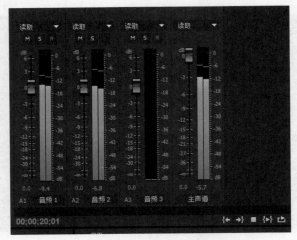

图 7-11　开始录制

（8）待录制完成之后，点击"停止"按钮，此时音频轨道A2上和项目栏里就会生成刚刚录制的音频，点击"保存"按钮，完成录制歌曲，如图7-12—图7-14所示。

图 7-12　点击"停止"按钮

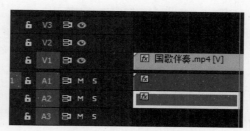

图 7-13　生成录制的音频

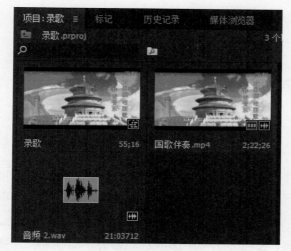

图 7-14　完成录制歌曲

练习与思考：

录制一首自己唱的歌曲。

知识窗

　　利用调音台录制声音时，调音台还具有基本的录音功能，它可以录制有声卡输入的任何声音。

　　步骤1：在准备录音之前将录音话筒连接到声卡的输入插孔。

　　步骤2：在Premiere编辑界面中，单击菜单命令"序列"→"添加轨道"（或在音频轨道头部单击右键，在弹出的快捷菜单中选择"添加轨道"）。

　　步骤3：在弹出的对话框中，将音频轨道添加数量设为1，"放置"设为"跟随音频1"，并将"轨道类型"设为"单声道"。因为连接到PC机上的麦克风一般都是单声道的，并且在录制旁白（配音）时都输入为单声道信号，这时可以在调音台刚才添加的单声道轨道"音频2"。

步骤4：单击调音台面板中音频2轨道"激活录制轨"按钮，并在其上面出现了"麦克风"可选项并选择麦克风。

步骤5：将时间定位指针移到需要录音的位置，单击调音台面板下方的录制按钮，将看到按钮不断闪烁，表示已进入录音准备状态，然后单击"播放"按钮。

步骤6：时间线轨道上的时间定位指针会向右移动并开始录音，对着麦克风开始录制配音，在需要停止的位置处单击"停止"按钮。这样，录制的声音就会自动保存到项目窗口和时间线窗口的相应轨道上。

任务二

NO.2

制作卡拉OK音效

◆ 任务概述

画面、音乐、字幕同样可以通过Premiere来制作，同时拥有这3个元素的卡拉OK音乐便可以结合三者制作方式进行综合运用。与制作音乐不同的是，卡拉OK的字幕应跟随歌词进行变色，如何制作呢？今天就来学习如何制作卡拉OK，如图7-15所示。

图 7-15　效果预览

知识窗

制作卡拉OK的关键在于歌词字幕与音乐歌词的播放同时进行，需要制作歌词的运动变色。制作的关键在于要根据歌曲的时间段进行添加关键帧，使裁剪速度与歌曲同步。

（1）新建项目，新建序列，导入"模块七"/"任务二"中伴奏音乐，并将伴奏拖入"音视频轨道1"上，如图7-16—图7-18所示。

图 7-16　新建项目序列

图 7-17　导入伴奏音乐

图 7-18　将伴奏拖入"音视频轨道1"上

（2）新建静态字幕图层，如图7-19所示。

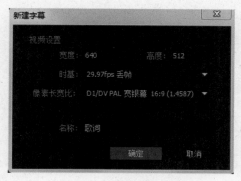

图 7-19　新建静态字幕图层

（3）输入要制作的歌词字幕，调整好位置、大小以及颜色，如图7-20所示。

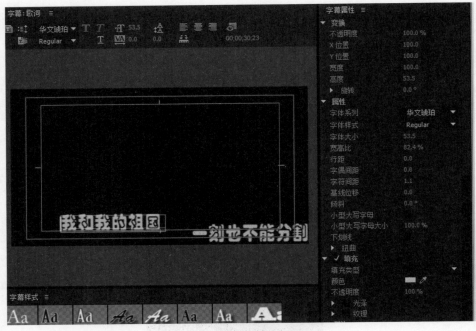

图 7-20　歌词字幕设置参数

（4）使用Alt键，复制刚刚做好的歌词字幕并放在"视频轨道3"，保证与"视频轨道2"的字幕位置和长短都一样，将字幕副本改为白色，如图7-21所示。

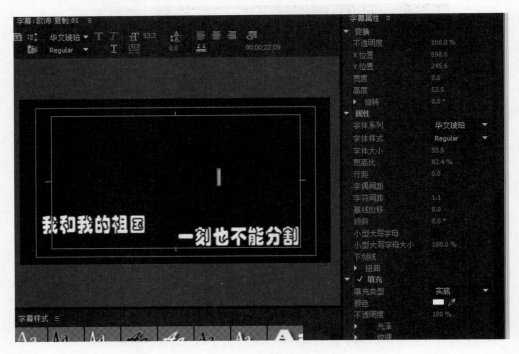

图 7-21　复制刚刚做好的歌词字幕并改为红色

（5）此时的字幕效果如图7-22所示。

图 7-22　效果预览

（6）为"视频轨道3"上的字幕层添加"裁剪"效果，设置裁剪数值，并且根据歌曲的时间段添加关键帧，使裁剪速度与歌曲同步，如图7-23、图7-24所示。

图 7-23　添加"裁剪"效果

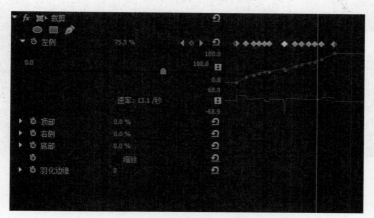

图 7-24　添加关键帧使裁剪速度与歌曲同步

（7）单击"播放"按钮，预览最终效果，如图7-25所示。

图 7-25　效果预览

任务三

NO.3

片头音乐合成

◆ 任务概述

Premiere是一款非常普及的视音频处理软件，可以对视频进行剪辑、修改图像特效、修改声音、增加字幕、增加背景音乐等，都是十分实用的功能。其中，制作片头的同时能给片头增加合适的音乐，可以大大增加片头的整体效果，如图7-26所示。

最终效果

图 7-26　效果预览

知识窗

片头音乐的合成首先要将原视音频中的音频删除；然后加入音乐，并通过设置参数保持音频音调点；最后将音乐的长短与视频相匹配，可适当地将音乐延长一两帧，使视频和音乐和谐地结合在一起。

（1）需要新建一个项目，进入工作页面，然后新建序列，如图7-27、图7-28所示。

图 7-27　新建项目

图 7-28　新建序列

（2）在Premiere的左下角为资源窗口，导入"模块七"/"任务三"中的片头素材，直接拖动素材到右方的时间轴上，即可进行视频的修改，如图7-29所示。

图 7-29　导入并拖动素材到右方的时间轴上

（3）视频拖动到时间轴上之后，会在时间轴上有具体的显示，多数视频都会有两个以上播放条，一个表示视频图像，另一个表示声音。由于要增加背景音乐，因此选中视频原有声音条，按Delete键删除，如图7-30所示。

图 7-30　删除原有声音条

（4）删除声音条的视频后，原始的声音就消失了，此时在视频时间条中只剩下视频图像，如图7-31所示。

图 7-31　删除后效果

（5）完成视频原始声音文件的删除后，即可在Premiere左下角的文件资源浏览窗口中新导入"模块七"/"任务三"中的音频文件。和其他文件的插入方式相同，直接拖动文件到右侧的时间轴，可以看到在视频的播放时间轴中多出了一行，这就是要插入额外的音频文件，这样视频就和音频结合了，如图7-32、图7-33所示。

图 7-32　新导入音频文件

图 7-33　插入额外的音频文件

（6）在这里可以看到，此时的音乐比片头时间要短，可以右击音频文件点击时间速度，修改参数，勾选"保持音频音调"复选框，如图7-34所示。

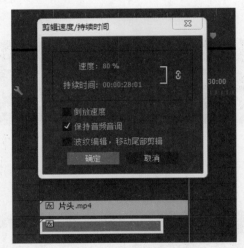

图 7-34　修改时间速度参数

（7）此时可以发现，音乐刚好与视频相匹配，如图7-35所示。

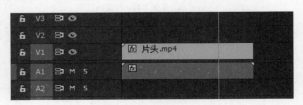

图 7-35　效果预览

（8）如果音频文件的播放时间长度较长时，需要对文件进行剪辑，将鼠标放置在播放条的末端，切除，将其都调整到合适长度即可，如图7-36、图7-37所示。

图 7-36 需要对文件进行剪辑

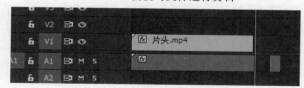

图 7-37 将其都调整到合适长度

（9）一般来说，背景音乐的长度会比视频长度略长，在视频上展示出图像先消失、音乐后消失的效果，这样视频整体给人的感觉就会更加完整，预览最终效果，如图7-38所示。

图 7-38 效果预览

模块八
综合性案例——制作儿歌MV

模块综述

  影视制作流程三大步骤：前期准备、现场拍摄、后期制作。我们已经初步掌握了后期制作的主要制作环节。本模块通过综合性案例——制作儿歌MTV让我们把影视后期制作的每个制作环节串起来，综合训练，让我们成为一名合格的后期制作人员。

学习完本模块后，你将能够：

⊕ 了解抠像的原理。

⊕ 掌握超级键特效的使用。

⊕ 掌握影视节目的制作流程。

⊕ 掌握如何使音乐与字幕更符合影视节目的节奏。

任务

制作儿歌MV

◆ 任务概述

本任务从前期素材的拍摄、后期素材的剪辑、视频特效的使用、音乐的合成、字幕的添加等各个方面展示了一个影视作品完整的制作过程，如图8-1所示。

8单元
最终效果

图 8-1　效果预览

一、绿屏抠像

现在的很多影视作品都要用到抠像。从经费、安全和场景实现的难度这些方面考虑，抠图与CG技术结合不仅可以完成很多本来无法实现的场景，而且节约成本、安全性更好，所以是影视后期制作中常用到的特效。目前比较常见的抠像是绿屏抠像和蓝屏抠像。

（1）新建项目文件导入"模块八"/"任务制作儿歌MV"中的相关素材，如图8-2所示。

图 8-2　新建项目文件导入相关素材

（2）新建序列，如图8-3所示。

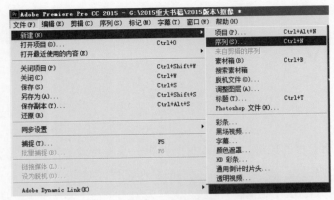

图 8-3　新建序列

（3）拖动幼儿唱歌素材到时间线 "V1" 轨道中，弹出对话框，选择 "更改序列设置"，如图8-4、图8-5所示。

图 8-4　更改序列设置

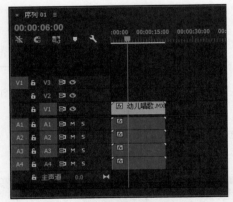

图 8-5　拖动幼儿唱歌素材到时间线 "V1" 轨道中

（4）在节目监视器中查看素材效果，如图8-6所示。

图 8-6　在节目监视器中查看素材效果

（5）拖动两只老虎素材到时间线序列"V1"轨道中，移动幼儿唱歌素材到"V2"轨道中，如图8-7所示。

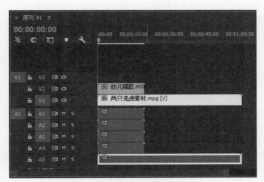

图8-7 拖动素材到轨道中

（6）为幼儿唱歌素材添加视频特效：选择"效果"→"视频效果"→"键控"→"超级键"选项，如图8-8所示。

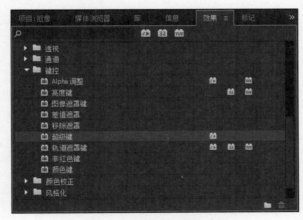

图8-8 添加"超级键"选项

（7）在效果控件面板中查看超级键的参数，如图8-9所示。

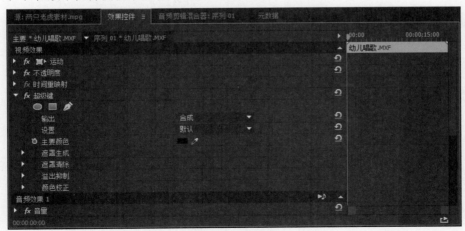

图8-9 查看超级键的参数

知识窗

- 输出：查看最终效果的方式，如图8-10所示。

- 设置：参数设置的级别，如图8-11所示。

图 8-10　输出　　　　　图 8-11　设置

- 主要颜色：设置抠像需要抠掉的颜色。使用方法：首先点击后面的拾色器，然后在"节目监视器"窗口的素材中采集背景画布的颜色，如图8-12所示。

图 8-12　主要颜色

- 遮罩生成：调节遮罩参数共5个选项，如图8-13所示。

图 8-13　遮罩生成

- 透明度：指画面中主体物的透明度，轻微改变数值就能看到明显的变化。

- 高光：调节画面中的高光部分。

- 阴影：调整画面中的阴影部分，通过阴影的调节能够最大限度地还原人物的头发。

- 容差：微调画面中的效果。

- 基值：对抠像效果的影响仅次于透明度，一般可以把默认值稍微调高一点。

- 遮罩清除：调节遮罩效果，如图8-14所示。

图 8-14　遮罩清除

- 溢出抑制：对抠图效果进行微调，如图8-15所示。

图 8-15　溢出抑制

● 颜色校正：抠图过程中对颜色进行校正，如图8-16所示。

图 8-16　颜色校正

（8）了解完超级键的相关参数后，下面应用超级键完成本案例。首先选定主要颜色，然后在"节目监视器"中吸取绿色，系统就会出现一个粗略的抠图效果，如图8-17、图8-18所示。

图 8-17　在"节目监视器"中吸取绿色

图 8-18　效果预览

（9）查看输出选项中的Alpha通道，可以看出白色部分为留下的部分，黑色部分已变成透明的部分。而当前用红色曲线框出来的部分是需要抠掉的部分，如图8-19所示。

图 8-19　查看输出选项中的 Alpha 通道

（10）细微调节参数，追求细致的抠像效果。首先调整遮罩生成选项参数，如图 8-20—图8-22所示。

图 8-20　调整遮罩生成选项参数

图 8-21　效果预览

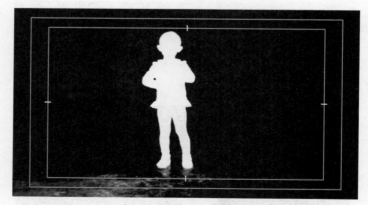

图 8-22　效果预览

（11）调整遮罩清除选项参数，如图8-23—图8-25所示。

图 8-23　调整遮罩清除选项参数

图 8-24　效果预览

图 8-25　效果预览

（12）调整到步骤（11）后，在超级键里无论如何更改参数都无法去除人物脚下的部分。这里需要再次添加超级键，主要选择人物脚下的颜色，如图8-26所示。

图 8-26 再次添加超级键

（13）继续细微调节参数，追求细致的抠像效果。调整清楚选项参数，如图8-27—图8-29所示。

图 8-27 调整清除选项参数

图 8-28 效果预览

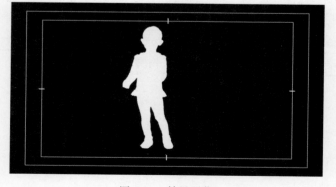

图 8-29 效果预览

（14）抠像效果完成后，再进行细微处理，调整人物颜色，使其与背景环境更好地融合在一起。通过调节"溢出抑制"和"颜色校正"两个参数来达到效果，如图8-30～图8-32所示。

图 8-30　调节"溢出抑制"

图 8-31　调节"颜色校正"

图 8-32　效果预览

二、制作倒影效果

为了与背景动画很好地融合在一起，需要把幼儿融入背景环境中。这里给幼儿添加倒影效果，使其与背景中的小老虎有类似的效果。

（1）调整幼儿的大小，使其不会出现在线框的外面，如图8-33、图8-34所示。

图 8-33　调整幼儿的大小

图 8-34 效果预览

（2）为幼儿添加镜像特效，调整参数制作倒影效果，如图8-35、图8-36所示。

图 8-35 添加镜像特效并调整参数

图 8-36 效果预览

（3）在节目监视器中，预览镜像效果可以发现随着人物运动、倒影和人物混合在一起。需要随着人物的位置变化而不断调整中心点的参数。这里需要为镜像效果的中心点和反射角度添加关键帧，使得倒影与人物随时处于对立的位置，如图8-37、图8-38所示。

图 8-37 为镜像效果的中心点和反射角度添加关键帧

图 8-38 效果预览

（4）为了使倒影效果与背景画面中小老虎的倒影一致，需要为倒影添加模糊效果。添加"视频效果"→"模糊与锐化"→"高斯模糊"选项，如图8-39、图8-40所示。

图 8-39 为倒影添加模糊效果

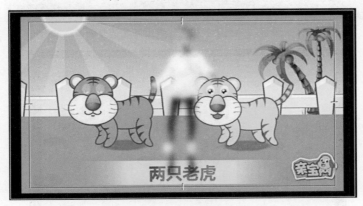

图 8-40 效果预览

（5）从节目监视器中的预览效果可以看出，整个人物都出现了高斯模糊的效果，而本案例只需要为人物的倒影添加高斯模糊效果。这里需要添加蒙版，选择"矩形"工具，在"节目监视器"中绘制矩形的蒙版区域，并设置相关参数，如图8-41、图8-42所示。

图 8-41 添加蒙版

图 8-42　效果预览

（6）由于画面中的人物位置在不断变化，需要蒙版的大小也要随着人物的位置变化而变化。为了实现这一效果，在蒙版扩展参数上添加关键帧，蒙版的大小就能够随着人物的位置变化而变化，如图8-43、图8-44所示。

图 8-43　在蒙版扩展参数上添加关键帧

图 8-44　效果预览

练习与思考：

完成《两只老虎》MV的制作。

参考文献

[1] 曹茂鹏. Premiere Pro CC 2018 基础培训教程 [M]. 北京: 清华大学出版社, 2018.

[2] 尹小港. Premiere Pro CC 入门教程 [M]. 北京: 人民邮电出版社, 2018.

[3] 赵英华. Premiere Pro CC 完全自学一本通 [M]. 北京: 电子工业出版社, 2018.

[4] [俄]爱森斯坦. 蒙太奇论 [M]. 北京: 富澜, 译. 中国电影出版社, 2003.

[5] [匈]巴拉兹·贝拉. 电影美学 [M]. 北京: 中国电影出版社, 2006.